专业编发造型教程

灌木艺美研创中心 / 编著

人民邮电出版社
北京

图书在版编目（CIP）数据

专业编发造型教程 / 灌木艺美研创中心编著. -- 北京 : 人民邮电出版社, 2019.2
ISBN 978-7-115-49989-9

Ⅰ. ①专… Ⅱ. ①灌… Ⅲ. ①发型－设计－教材 Ⅳ. ①TS974.21

中国版本图书馆CIP数据核字(2018)第264753号

内 容 提 要

本书是专业发型设计师的入门教程，书中从编发的基础技法讲起，通过分缝、一股辫、螺旋卷、折返发束、扭转一股辫、环形卷、倒梳卷、三股辫、反三股辫、鱼骨辫等基础技法，让读者掌握基础的编发技法。

本书适合造型师阅读。

◆ 编　　著　灌木艺美研创中心
责任编辑　李天骄
责任印制　周昇亮

◆ 人民邮电出版社出版发行　　北京市丰台区成寿寺路 11 号
邮编　100164　　电子邮件　315@ptpress.com.cn
网址　http://www.ptpress.com.cn
北京市雅迪彩色印刷有限公司印刷

◆ 开本：787×1092　1/16
印张：10.5　　2019 年 2 月第 1 版
字数：282 千字　　2019 年 2 月北京第 1 次印刷

定价：79.00 元

读者服务热线：(010)81055296　印装质量热线：(010)81055316
反盗版热线：(010)81055315
广告经营许可证：京东工商广登字 20170147 号

本书使用说明

3.2 分区和梳理

小节标题

步骤图片

第3章 一股辫+向前螺旋卷

1. 以耳朵前上方和头顶黄金点的连线为界，将头发前后分开。

2. 将尖尾梳顶端紧贴在头顶中心偏左 2~3 厘米的位置。

3. 以步骤 2 中的位置为起点，向后脑区左侧面画曲线来给头发分区。大而弯曲的轨迹可以使侧面的头发更容易被梳起。

步骤文字说明

4. 到正中线处停止梳理。

5. 左手握住发束并将左手食指放在正中线上。

6. 右侧发区也同样，从头顶中心偏右 2~3 厘米的位置开始。

※1 发束的梳理方法

将发束提到较高的位置，向上梳理中间到发梢的位置。因为和发根相比发量变少，所以很容易梳上去。

拿起发根附近头发的话，由于发量很多，所以很难将发束往上提。

✓ ✕

48

步骤中的重点讲解

二维码使用说明

5.1 造型介绍

制作发型的流程

在后脑区扎起头顶的一股辫，而后将余下的后脑区发束向上扭转并与头顶的一股辫扎在一起。进一步扭转完侧发区后，将头顶的扭转一股辫发束制做成螺旋卷。

①制作头顶的一股辫。

②将下方发束向上扭转并与之前的一股辫扎在一起。

③扭转左右的侧发区发束。

④在集中成一股辫的发束上制作螺旋卷。

第5章 扭转一股辫+螺旋卷

学习要点

□掌握扭转一股辫的制作方法

将发束向上扭转并扎成“扭转一股辫”的发型，扭转的状态本身就成为设计的亮点。试着制作不会松散的、美丽的“扭转一股辫”吧。

□学会扭转发束的方法

扭转发束是将梳理后成板状的发束扭转成筒状的方法，掌握在头发表面增添细节的扭转发束技术。

□能够制作发束的螺旋卷

从扭转过的发束中进一步拉出细小的发束，做成螺旋状，使卷的方向性较为分散，形成随意的动态。掌握各种各样的卷的制作方法，以便能够配合最终的设计效果来完成不同类型的卷。

扭转一股辫+螺旋卷

扭转一股辫，是制作了一股辫的基础后，将基础的外侧的发束往上扭转，集中在一股辫的根部的发型。螺旋卷，扭转发梢，拉出成螺旋状，边散开卷的方向边用夹子去固定，形成比螺旋形曲线卷更随意的印象。学习除了这两个要素之外，在侧发区加上了“扭转”的发型的制作方法吧。

打开手机，扫一扫二维码，即可观看高清视频。

打开手机，扫一扫二维码，即可观看高清视频，零距离学习发型设计关键技术。

目录
CONTENTS

第 1 章 准备工作

1.1 头部骨骼特征和发区特征 10
1.2 制作发型之前确认工具 12
1.3 制作发型之前的准备 14
1.4 吹风 15
1.5 效果对比 17
1.6 用电热卷发筒卷发 18
1.7 涂抹定型剂 26
1.8 效果对比 27

第 2 章 编发基础知识

2.1 发型的分界线 29
2.2 三角缝 1 31
2.3 三角缝 2 32
2.4 拉松发辫 33
2.5 拉发灯笼 34
2.6 两股拧 36
2.7 四股辫 38
2.8 加丝带 1 40
2.9 加丝带 2 43

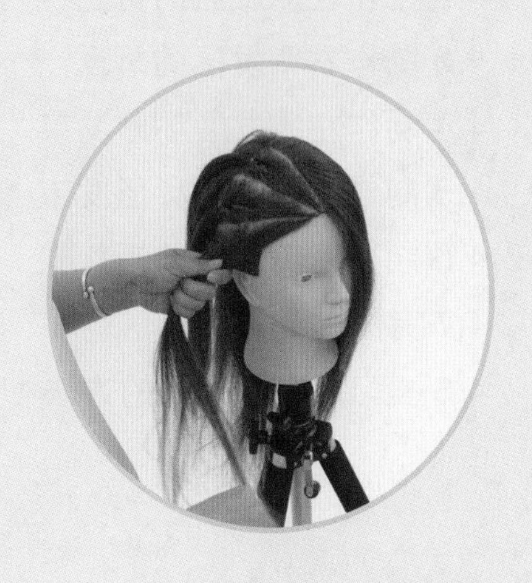

第 3 章 一股辫 + 向前螺旋卷

3.1 造型介绍 47
3.2 分区和梳理 48
3.3 用橡皮筋扎一股辫 51
3.4 用包发梳梳理后脑区 53
3.5 用尖尾梳梳理后脑区 57
3.6 将后脑区扎成一股辫 59
3.7 为左侧发区做造型 60
3.8 收紧左侧发区 63
3.9 为刘海做造型 64
3.10 收紧右侧发区 68
3.11 制作向前的螺旋卷 70
3.12 完成效果 74
3.13 调整发型后比较 1 75
3.14 调整发型后比较 2 76

第 4 章 折返 + 两侧向前的螺旋卷

4.1 造型介绍 79
4.2 制作左侧发区的折返 80
4.3 制作右侧发区的折返 82
4.4 制作左侧发区环形发束 83
4.5 制作右侧发区环形发束 85
4.6 制作两侧向前的螺旋卷 86
4.7 完成效果 89
4.8 复习用夹子固定的方法 90

第 5 章 扭转一股辫 + 螺旋卷

5.1 造型介绍 92

5.2 扎一股辫 93

5.3 梳理后脑区 94

5.4 扭转后脑区发束 95

5.5 扭转左侧发区 99

5.6 扭转右侧发区 102

5.7 制作螺旋卷 105

5.8 完成效果 107

5.9 调整发型 108

5.10 效果对比 116

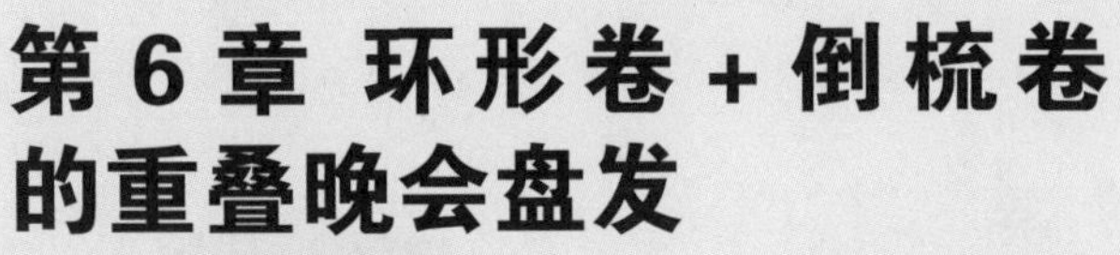

第 6 章 环形卷 + 倒梳卷的重叠晚会盘发

6.1 造型介绍 118

6.2 扎两个一股辫 119

6.3 重叠后脑区左侧发束 121

6.4 重叠后脑区右侧发束 124

6.5 制作两侧发区的环形卷 125

6.6 制作一股辫的倒梳卷 129

6.7 完成效果 132

第 7 章 编发 1

7.1 造型介绍 134
7.2 记住编法 135
（三股辫）
（三股双边添束辫）
（反三股辫）
（反三股双边添束辫）
7.3 编左侧发区 143
7.4 编右侧发区 145
7.5 编后脑区的一股辫 146
7.6 完成效果 148
7.7 拉松编发的效果 149
7.8 效果对比 152

第 8 章 编发 2

8.1 造型介绍 154
8.2 记住编法 155
（鱼骨辫）
（鱼骨双边添束辫）
（右交叉左扭转绳索辫）
（左交叉右扭转绳索辫）
8.3 分区 161
8.4 编刘海 162
8.5 编后脑区上段 164
8.6 编后脑区中段 166
8.7 编后脑区下段 167
8.8 完成效果 168

第1章 准备工作

制作各类发型之前，首先要对用到的工具进行确认。要完成各种美丽的发型，拉直头发、改变头发原有形态和整理头发走向的准备工作是不可或缺的。开始制作发型之前，学会这些基本的事情吧！

1.1 头部骨骼特征和发区特征

头部骨骼的关键点

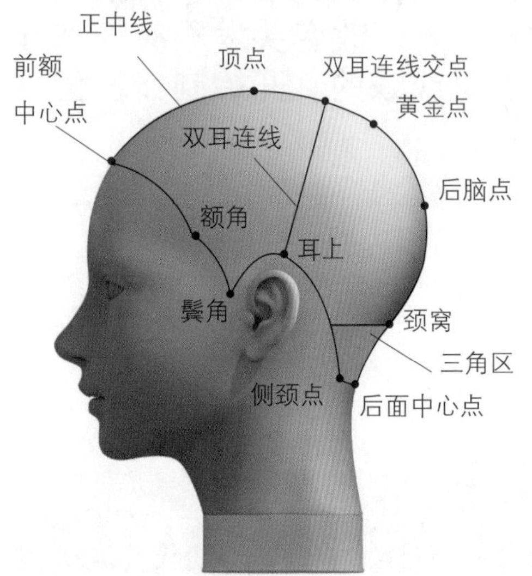

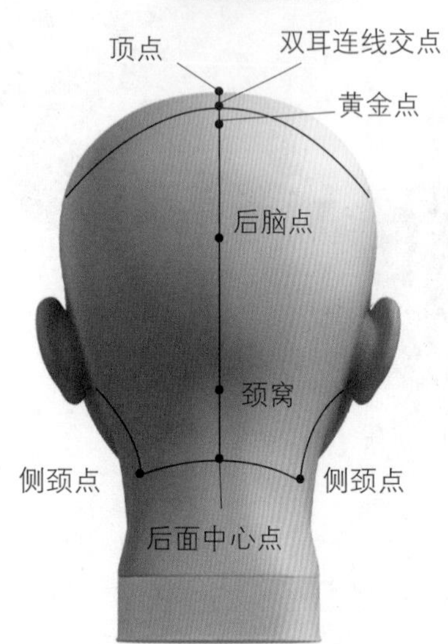

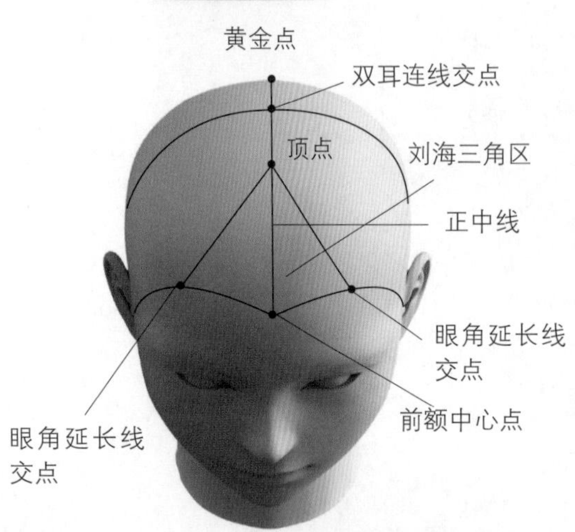

正中线：

将头部从正中间分为左右两部分的线，也叫中心线。

前额中心点：

前面的中心处，正中线的起点。

顶点：

正中线上的头部最高的地方。

双耳连线交点：

两个耳朵从耳上位置相连接的线与正中线的交汇点。

黄金分割点：

下颚的前端和耳根的延长线与正中线相交的地方。这里发量多，能够左右发型的平衡，经常用 GP 来表示。

后脑点：

正中线上的头部后面最突出的点。

颈窝：

正中线上的后颈的下陷处。

后面中心点：

正中线在后面的终点位置。

侧颈点：

后面底部发际线两端的点。

三角区：

头部后面颈窝以下的发区，在专业领域一般统称为后颈。

耳上：

耳朵最高位置上面的头发。

鬓角：

头发在耳朵前长出的最细微的那一部分。

额角：

鼻子和眼角连线的延长线与发际线的交点。

刘海三角区：

构成刘海的基本区域，两个眼睛的中部向上的延长点（眼角延长线交点）和顶点形成的三角形。根据所要的发型可以改变三角区的大小。

发区头发的特征

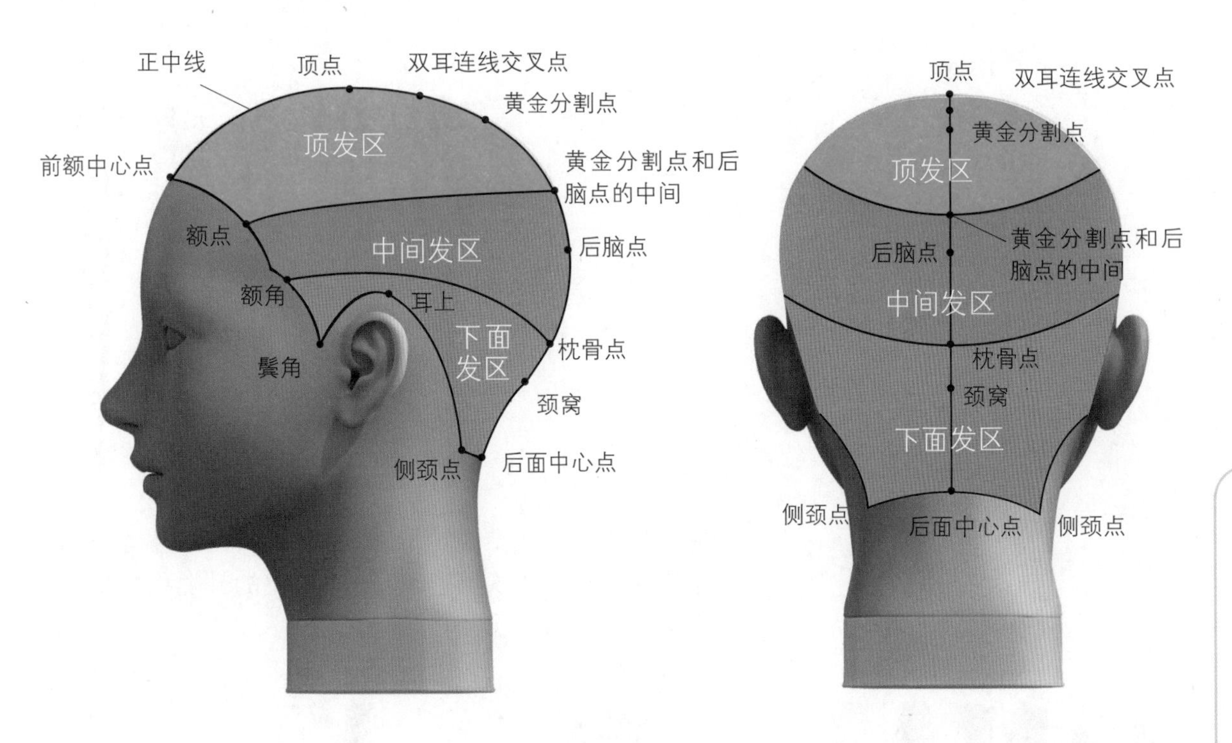

顶发区：

前面的额点与黄金分割点和后脑点的中间位置的连接线围起来的部分叫作顶发区。这个区域的头发能够表现出发型的表面特征，形成头发的动感和轻盈感。

中间发区：

顶发区往下、额角和枕骨点连接线以上的区域，叫作中间发区。这个区域的头发在顶发区下面，控制头发造型的形状、发量和轮廓。

下面发区：

再往下剩余的部分为下面发区。这个区域的头发在中间区域下面，构成发型的外界线。

1.2 制作发型之前确认工具

制作发型时必要的工具

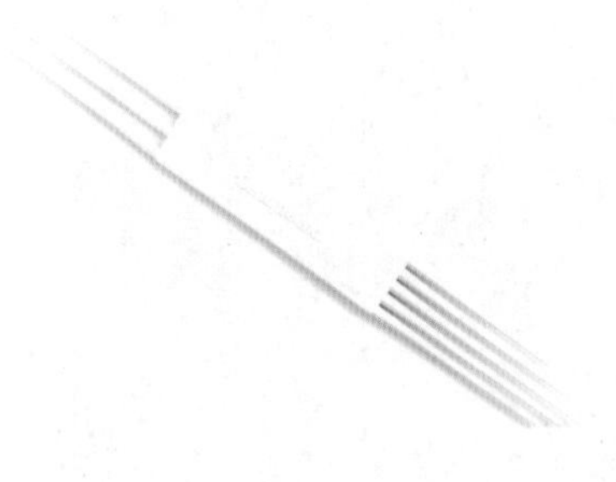

[挑发梳]

挑起发梢，整理发尾卷度的时候使用。

[滚梳]

在发根需要显出分量或要在发梢做出卷的时候使用，也可用于卷发后的吹风造型。根据头发的长度和卷的强度，使用不同的滚梳尺寸。

[尖尾梳]

用于取发片、梳理发束、反方向梳头发使之蓬起来等各种各样的目的。梳子的尺寸不同，使用的效果也不同。最小的梳子用于编结，因为拿在手中的时候，梳子末端不会成为妨碍物，所以适合细微的工作。

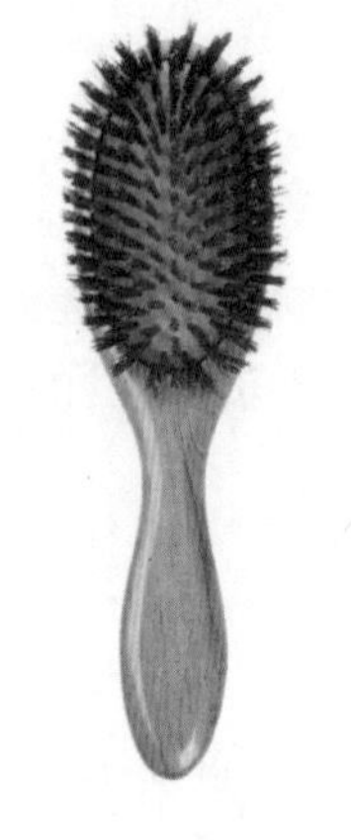

[包发梳]

鬃毛较短且整齐的梳子，需要修整头发表面、显出表面的光泽时使用。

[圆形包发梳]

吹风和需要梳出头发光泽时使用，整理发卷的走向时也经常使用。

[S 形包发梳]

鬃毛较多且长，能够充分地梳到发束的内侧。在最初的阶段梳理发束、整理头发的走向时使用。

[鸭嘴夹]

如图所示，选择夹子内侧没有防滑齿的类型。制作由曲面构成的发型时，能够在表面不留痕迹地固定发束。

[单叉夹]

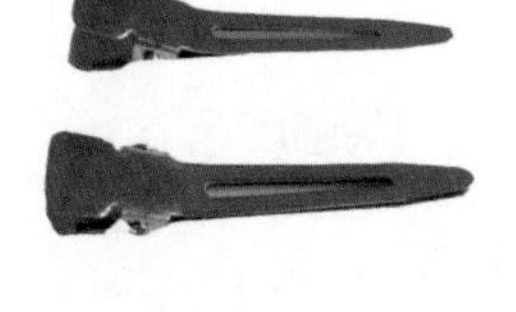

固定整理好的发束，或为了显出蓬松感而临时压住发根时使用。

[双叉夹]

要将头发好好压住，以及要使头发立起来时使用。

[电热卷发筒]

将头发卷在电热卷发筒上后，用专门的机械加温烫卷。大部分是在制作上梳发型之前的准备中使用，但是在给发梢加上曲卷时也能使用。尺寸从右到左分别是35毫米、30毫米、25毫米。

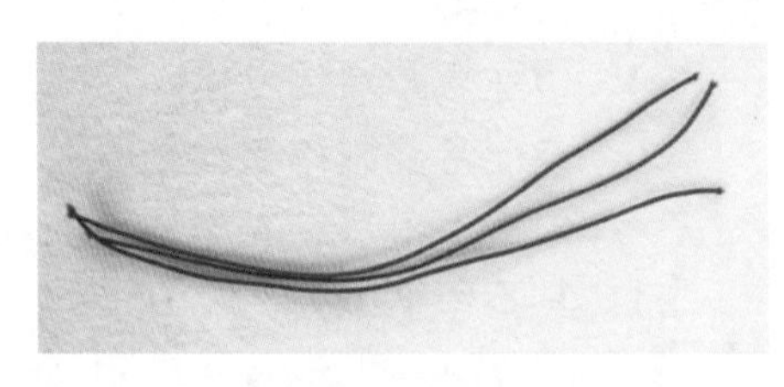

[橡皮筋]

扎一股辫或集中头发时使用，不是圆圈的使用更加方便，长度为25~26厘米的比较好用。

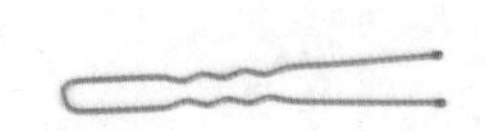

[波浪 U 型夹]

一般比 U 型夹小一些，配合发量的多少区分使用。

[一字夹]

闭口的夹子，即使用于发梢，也能和头发融合而不显眼。

[波浪一字夹]

和一字夹形状相同。比一字夹固定更少量的发束，以及固定做了卷的发梢时使用。

[假发片]

制作发髻的时候，用于内部的修整和头发分量的调整。配合设计决定使用假发片的大小。

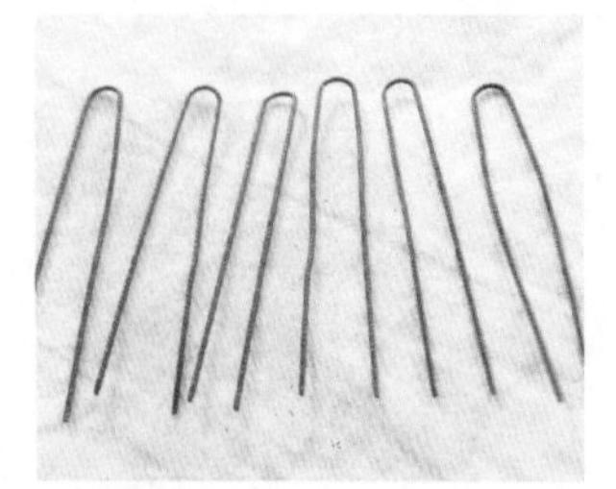

[U 型夹]

能将大量的发束夹住。由于在没有基础的地方很难固定，要制作出头发的基础后再进行固定。

1.3 制作发型之前的准备

准备的目的

制作发型之前，不可或缺的就是接下来要学习的准备工作。进行实际的操作前，首先要理解为什么准备工作是有必要的。还有，在本章中整理了 [吹风][用电热卷发筒卷发][涂定型剂] 这 3 个最基本的操作的目的和注意点。

整理头发的状态 → **使头发容易打理**  **提升操作的速度**

头发弯曲、发根方向杂乱的话，头发将很难被做得漂亮。配合完成的发型好好地做准备的话，头发就会变得容易打理，从效率上看，也会提高制作发型的速度。

吹风

压住发根，使其立起并控制方向性。

目的

○使发根具有方向性
○拉直头发的波浪
○在蓬乱、打结的部分做出光泽
○在头发上稍微做出曲度

注意点

○不要做得过直
○不要吹得太热（发丝过干的话，用电热卷发筒很难做出卷）
○将发根压得过扁的话，很难形成自然的完成效果

用电热卷发筒卷发

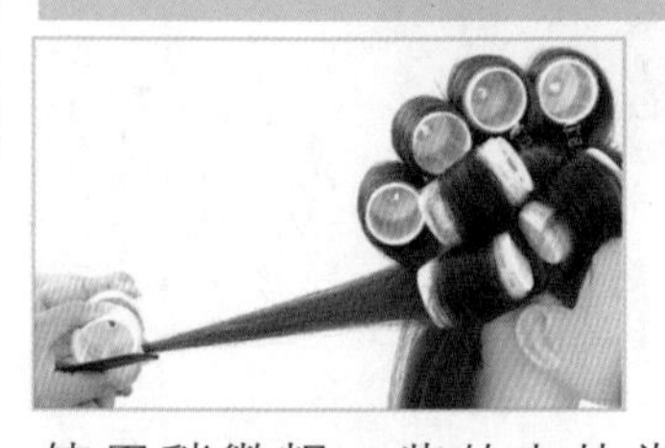

使用稍微粗一些的电热卷发筒，使发根立起来，在中间到发梢的位置做大卷。

目的

○给发梢加上光泽和曲度，表现出波浪卷效果
○在头发上做卷，使发束更容易集中且容易整理表面

注意点

○将波浪卷做得过紧的话，表面会变得很难整理
○卷起程度太弱的话，短的头发会很难融合
○注意不要折发梢
○配合要制作的发型改变卷的方法
○拆下电热卷发筒后，处理头发使其不留下裂隙

涂抹定型剂

调整 [吹风] 和 [用电热卷发筒卷发] 过程中没有修整到的发束。

目的

○使发束融合，容易打结的部分也能显出束感
○配合头发的质感和状态涂抹恰好的分量，做成容易集中的状态
○提高发型的固定力

注意点

○前刘海稍微涂少一些，脖颈发际线稍微涂多一些，根据头的部位去把握涂抹的分量
○定型剂涂抹量太少的话，头发就会变得蓬乱、易滑动且很难集中

1.4 吹风

1. 将头发拨开，同时将发根压瘪的部分用喷雾器喷上水弄湿，软化头发，改变其旧态。

2. 在内侧也轻轻地用喷雾器喷水弄湿，软化头发，改变其旧态。

3. 脸周围也同样地，把头发往上梳并弄湿，改变头发的旧态。

4. 在发梢上是也给予水分，使其不再蓬乱。

5. 整体上给予水分，使用圆形包发梳进行梳理，使其融合。

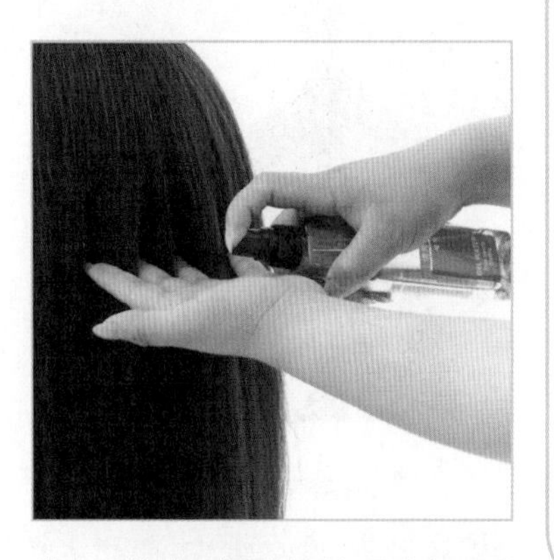

6. 将免洗型的处理剂取适量，倒在手掌上。涂抹处理剂可以使头发柔顺，好梳通。

7. 在中间到发梢的位置涂抹处理剂，使其均匀地与头发融合。

8. 在前额区也涂抹处理剂，涂抹时不用重新补足处理剂分量，用残留在手掌上的量即可。

9. 在整体涂抹完处理剂后，使用圆形包发梳进行梳通。

10. 在前额区，将手指插入发根，使发根立起来，用吹风机紧贴头发吹干。

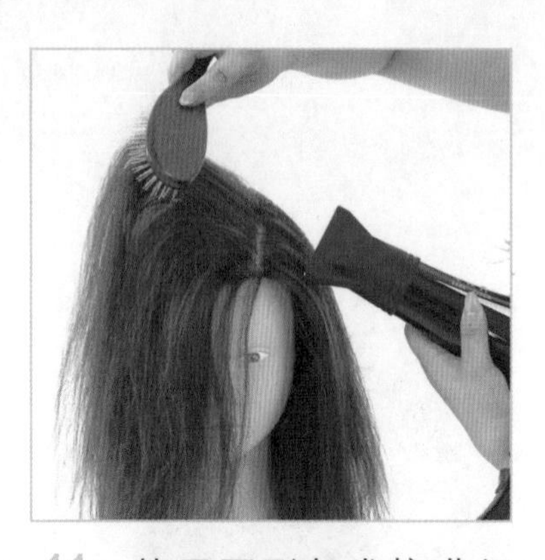

11. 使用圆形包发梳进行梳理，使发根立起的同时向侧面倾斜，以决定发根的方向。

12. 使用圆形包发梳配合吹风机吹下面的头发。吹得过直、过于干燥的话，用电热卷发筒的时候会很难做出卷，所以需要注意。

13. 使用S形包发梳整理侧发区，将发根朝着头的顶端梳起并吹风。

14. 吹发际线时，不要把发根压得过于扁平。之后继续在侧发区进行吹风。

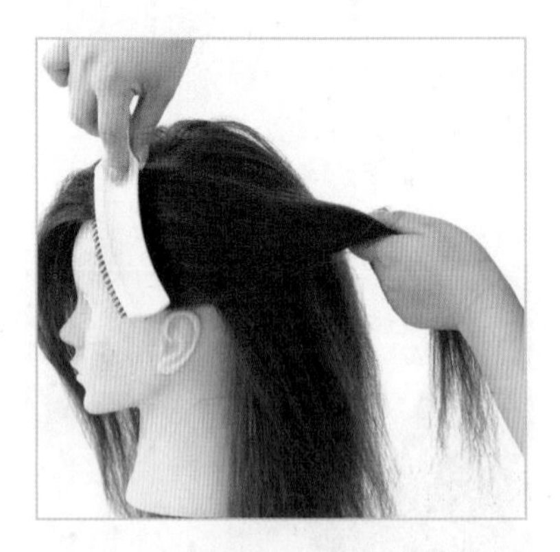

15. 在面部周围的发际线处，要将梳子稍稍放平，紧贴头皮。因为鬓角容易飘起来，所以要牢牢压住。

16. 将梳子稍稍往上提，令发根朝向后方并吹风。

17. 吹风结束后的状态。

1.5 效果对比

对比吹风之前和之后，在每个区域头发的走向和分量有什么不同，以便决定用电热卷发筒卷发之前做成什么样的状态比较好。

头顶区

发根轻盈地立起，显出了适度的分量。

发根压瘪，没有分量。

侧发区

整理头发走向后显出光泽感。

发根的走向凌乱，容易分散。

发梢区

头发的旧态被修整后具有整齐的方向性。

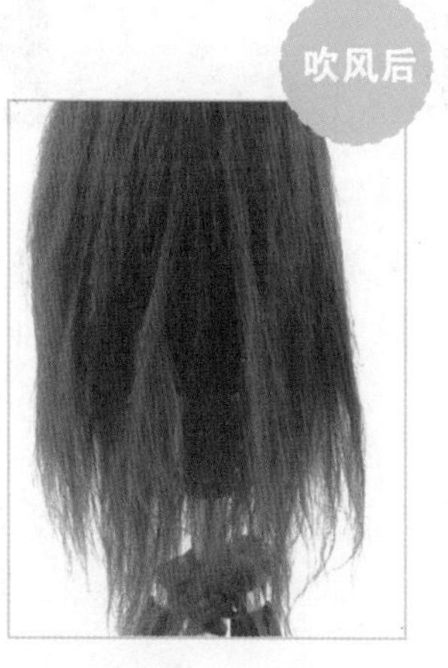

发梢蓬乱，方向性也很散乱。

前额区

头发向两侧分开且具有一定形态。

分界不清晰，头发杂乱。

后脑区

头发柔软顺直，有垂坠感，容易打理。

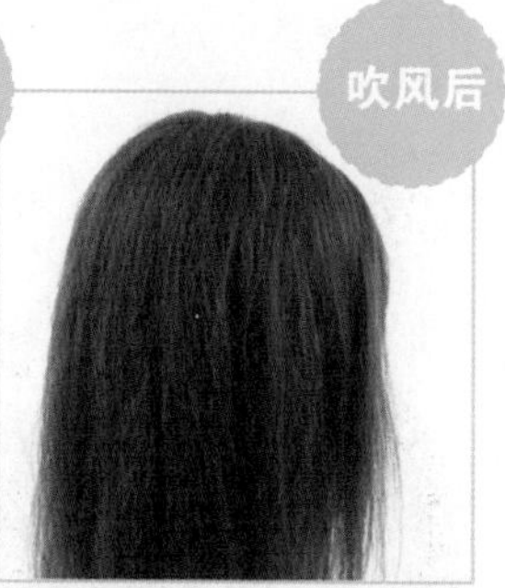

干硬打结，无法进行接下来的工作。

后颈区

发际线的分叉被修整，在表面显出光泽，形成了明显的轮廓。

因为发际线的方向性没有被矫正，所以出现了分叉。

1.6 用电热卷发筒卷发

18. 为了形成容易卷出卷儿的状态，涂抹发用定型剂。首先，取适量定型剂于手掌上。

19. 将定型剂涂抹在整体头发的中间到发梢位置。

20. 将残留在手掌上的定型剂涂抹到面部发际线周围。将手指插入发根，使定型剂与头发融合。

21. 使用圆形包发梳进行梳理，使整体头发与定型剂相融合。

22. 事先将刘海分出。因为将刘海卷出缓和的卷儿比较好看，所以放在最后卷。

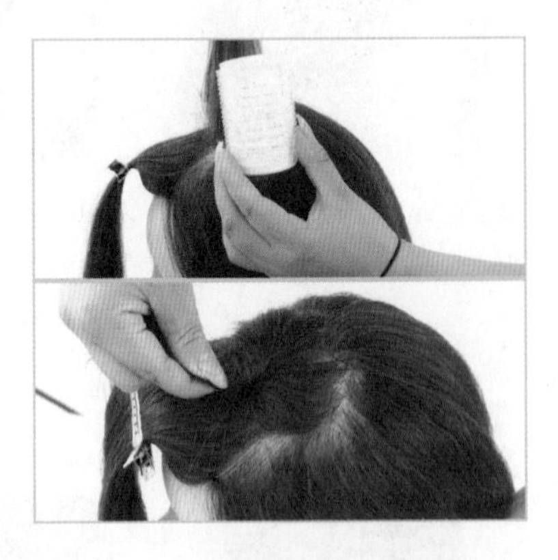

23. 从想要明显卷儿的头顶区开始卷。为了不出现裂隙，采用Z字形手法抓取发片，每次抓取的发量以一个电热卷发筒的直径为大致目标。这次使用直径35毫米的电热卷发筒。

24. 拉出发束，将电热卷发筒紧贴在中间。

25. 向上提起电热卷发筒到发梢位置，通过电热卷发筒来整理发梢的粗涩。

26. 左手拿住电热卷发筒，用拇指按住发梢。

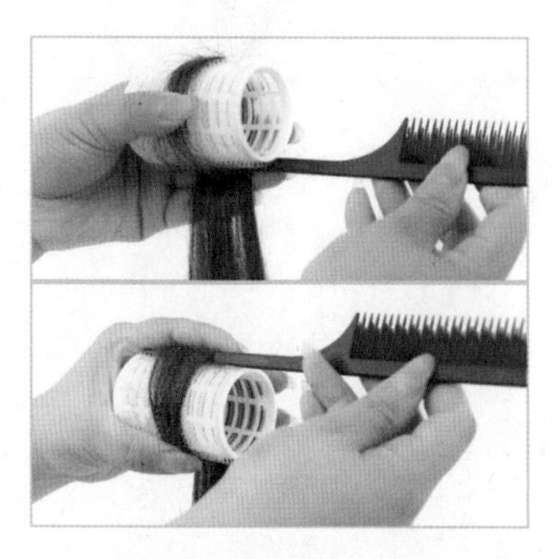

27. 在发束和电热卷发筒之间插入梳子的末端，将发梢也牢牢地卷进去。

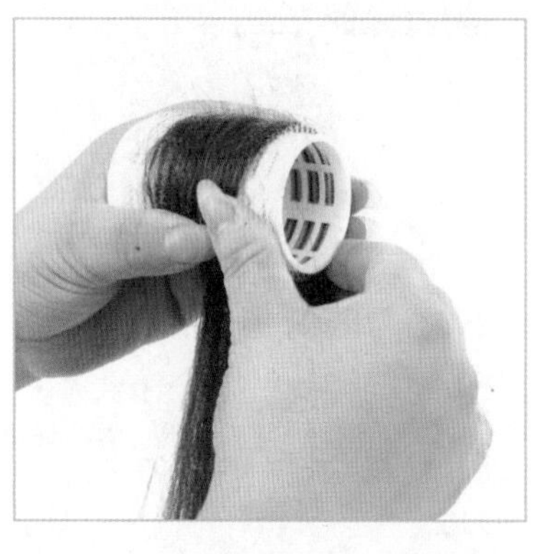

28. 用右手协助，使电热卷发筒旋转，收紧松弛的发束。发梢不要产生折叠。

29. 将电热卷发筒拿到右手卷，而后两手轮换，牢牢卷起发束。

※1 将电热卷发筒固定时的注意点

同时夹住发束和电热卷发筒的话，在头发上会留下痕迹。用鸭嘴夹的时候注意不要插入到电热卷发筒内侧。

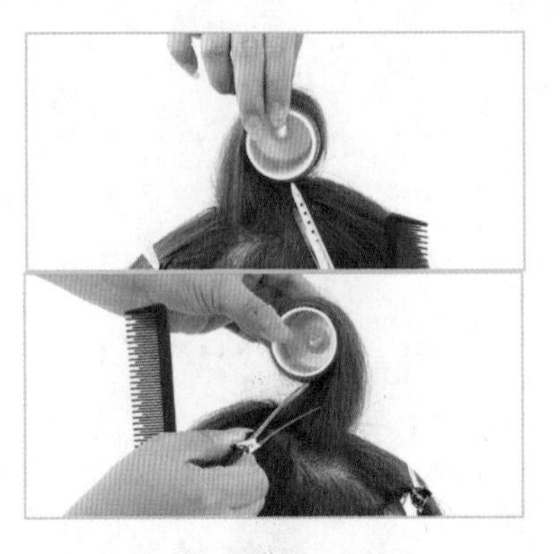

30. 卷到发根后，用鸭嘴夹固定。这时，仅夹住用电热卷发筒卷起的发束和头皮上的发束，固定住即可（※1）。

31. 将第 1 束卷固定后的状态。

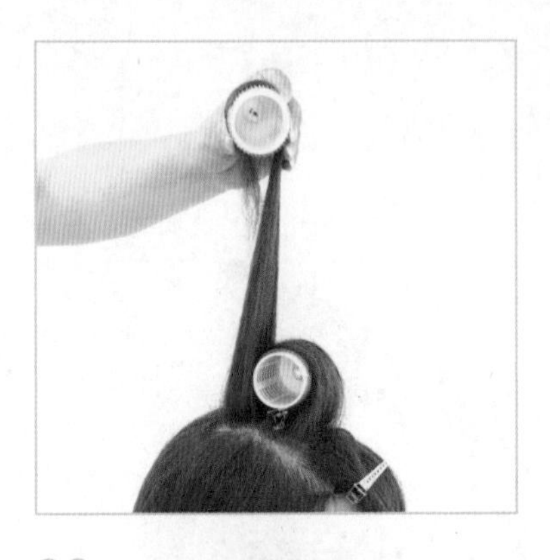

32. 开始做第 2 束卷，将发束向斜上方拉并开始卷。

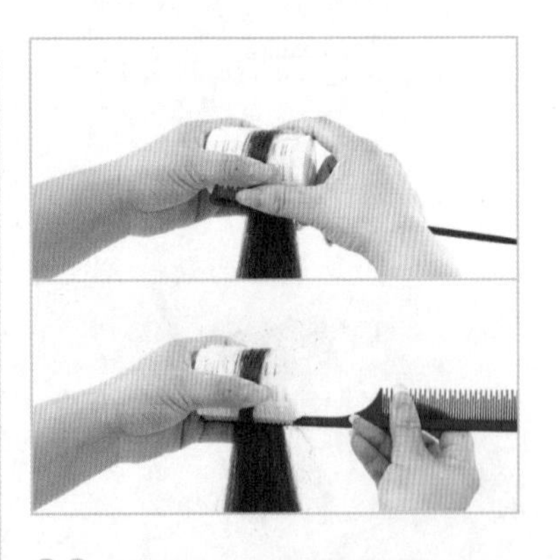

33. 将电热卷发筒拿在左手，用拇指按住发束。和步骤 27 一样，在发束和电热卷发筒之间插入梳子的末端，将发梢卷进去。

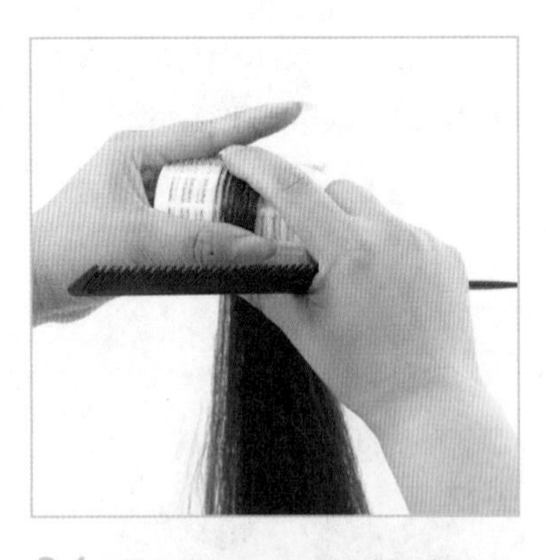

34. 将电热卷发筒拿到右手卷。之后重复步骤 33~34，卷到发根并固定为止。

35. 因为第 3 束卷发在黄金分割点上，所以从第 3 束以后的部分采用逆卷的方法（※2）。

※2 电热卷发筒逆卷的卷法

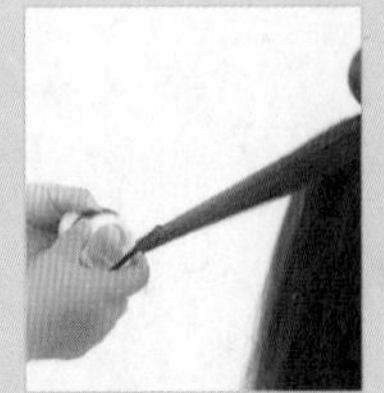

1. 将拉出的发束中间部分贴在电热卷发筒上，拉到发梢为止。

2. 将电热卷发筒拿到左手，用拇指按住发梢，向上卷。

3. 在发束和电热卷发筒之间插入梳子的末端，将发梢卷入。

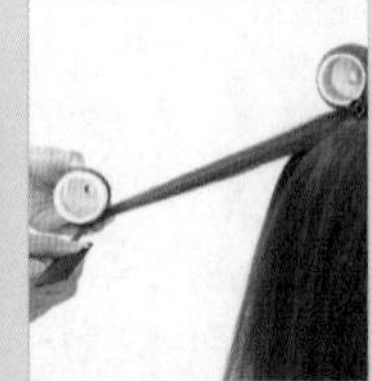

4. 用右手将电热卷发筒向上旋转，拉紧发束，避免松弛。

5. 将电热卷发筒拿回到左手卷。

6. 重复步骤 2~ 步骤 5，卷到发根为止。

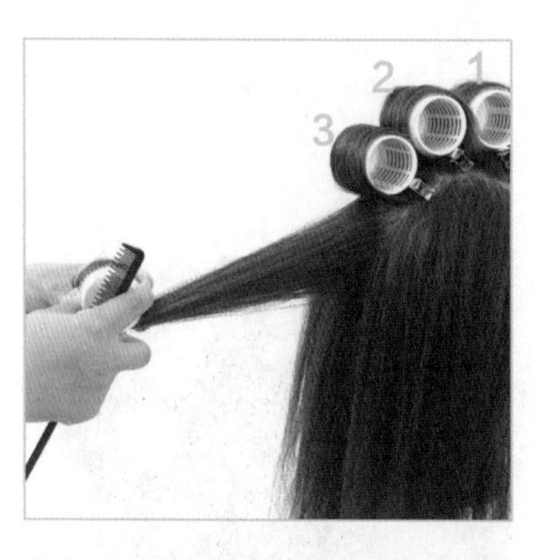

36. 第 4 束比第 3 束的角度略低，依然采用向上逆卷的方式。

37. 侧发区，从耳后分取一束到前额区一侧。

38. 第 5 束，将在步骤 37 中分取的发束拉出到正侧方进行逆卷。面部周围的短发也放进去，注意发梢不要弯折（※3）。

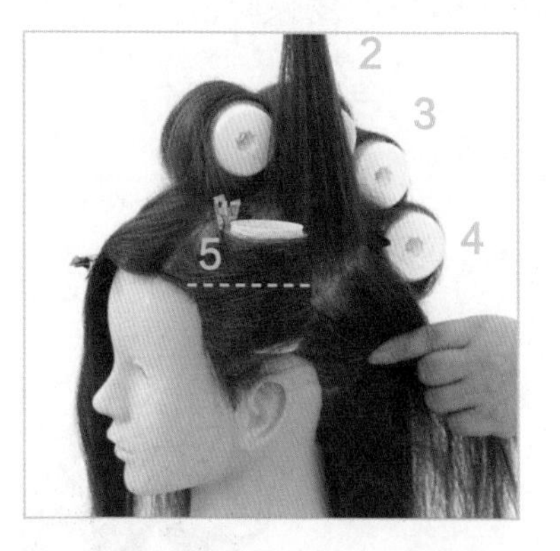

39. 后脑区侧面的上段，在太阳穴的高度分取出一束头发。

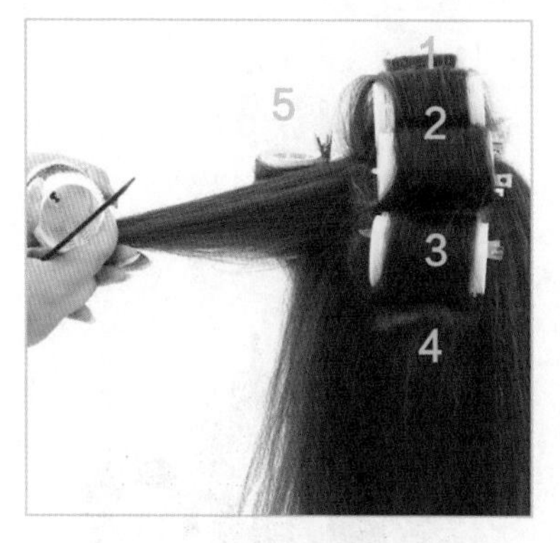

40. 第 6 束，将在步骤 39 中分取的发束以垂直于侧面的方向拉出并进行逆卷。

41. 第 7 束，和步骤 37 同样，将发束从耳后分取到前额区一侧，并拉出到正侧方逆卷。

※3 卷侧发区时的注意点

侧发区,将形成卷的部分作为整体，用 1 个电热卷发筒卷。上下分开卷的话，就会形成裂隙。

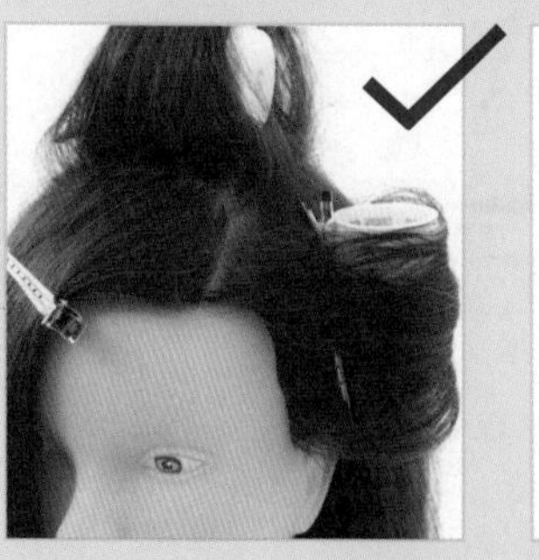

这个分界点将形成裂隙

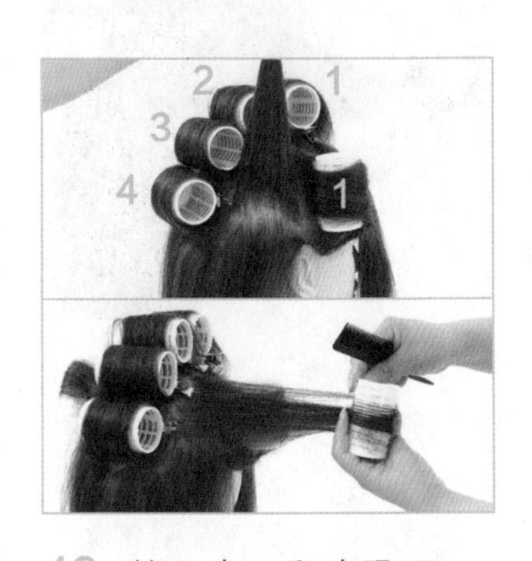

42. 第 8 束，和步骤 39 一样，在太阳穴的高度分取，将发束以垂直于侧面的方向拉出并逆卷。

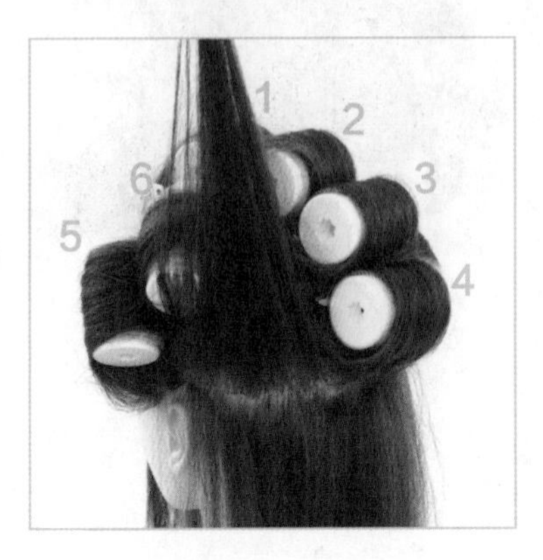

43. 后脑区侧面的下段，在耳后的高度分取发束。

44. 第 9 束，将在步骤 43 中分取的发束降低角度拉出并逆卷。

45. 第 10 束，和步骤 43 一样，在耳后的高度分取发束，降低角度拉出并逆卷。

46. 第 11 束（后脑区的第 5 束）是在耳下的高度分取。

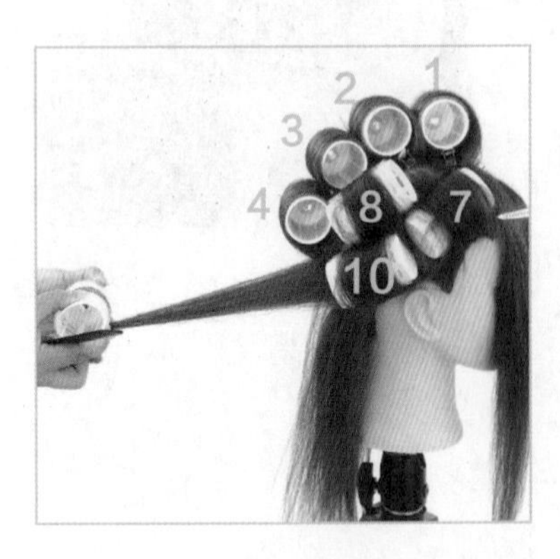

47. 第 11 束，将在步骤 46 中分取的发束降低角度拉出并逆卷。

48. 后颈区从正中线左右分开。第 12 束，将发束降低角度拉出并逆卷。发片太薄的话，卷后头发表面会浮起来，所以注意不要将发片弄得过薄。

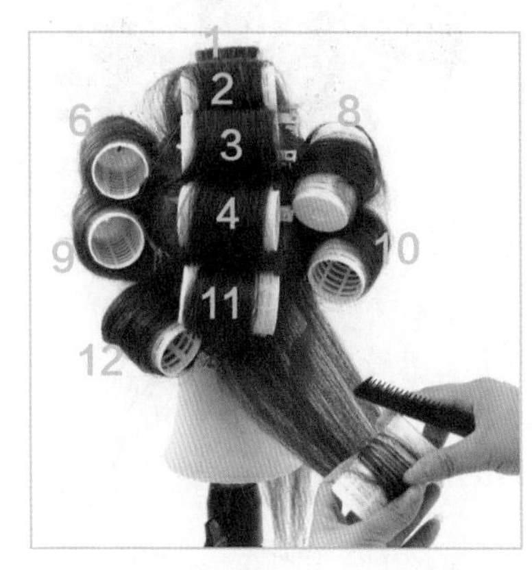

49. 第 13 束，和步骤 48 一样，降低发束角度拉出并逆卷。

50. 刘海，用 1 个尺寸稍微小一些的电热卷发筒（照片上是 30 毫米）逆卷。发束角度不宜过低，而且短的头发卷时容易掉出来，所以要注意。

51. 卷完后整体的状态。

※4 吹风机热风加热时的注意点

吹风机的热风需要紧贴电热卷发筒的发卷表面。吹风机的风筒相对于头皮成直角的话，热风会吹到头皮，成为发束产生裂隙的原因。

52. 最后卷的部分，因为尚未全都变暖，所以需要表面紧贴吹风机，使用热风加热（※4）。

53. 在整体的表面紧贴吹风机的温风。注意不要将风紧贴头皮吹。

54. 从稍微离开发卷的位置吹出冷风，使整体变凉。

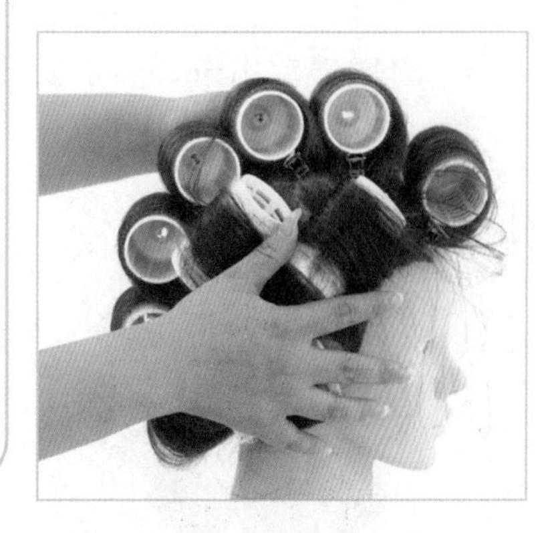

55. 手掌紧贴，确认电热卷发筒的温度是否下降。

56. 拆掉电热卷发筒时，先拆掉不太想带卷的刘海处的电热卷发筒。

57. 拆下刘海处的电热卷发筒的状态，以将发梢做出大卷为大致目标。

※5 拆掉电热卷发筒时的注意点

拆电热卷发筒时用力拉的话，卷会展开。

58. 拆掉刘海处的电热卷发筒之后，再拆掉后颈发际线处的电热卷发筒。左手拿电热卷发筒，右手拆掉夹发束的鸭嘴夹。

59. 再将电热卷发筒拿到右手，边旋转电热卷发筒，边顺着卷的形状慢慢地拆掉（※5）。

60. 将左手附上发束，用保持住卷度的方式去拆。拆掉电热卷发筒的顺序和上卷的顺序相反，头顶区最后拆掉。

61. 拆掉全部电热卷发筒后的状态。

62. 对于留下了电热卷发筒的痕迹和形成裂隙的部分，边紧贴吹风机的热风吹，边用手指理顺（※6）。

63. 因为卷了电热卷发筒，在发根卷度过大的地方也使用吹风机吹风进行调整。

※6 消除掉因电热卷发筒产生的裂隙

使用圆形包发梳和吹风机的热风来消除裂隙。

裂隙形成后发束分散的状态。

→

用手指理顺裂隙的同时，用热风紧贴发根吹发。

→

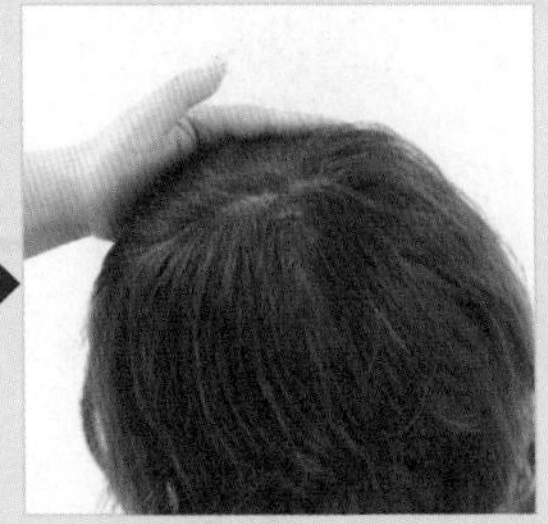

裂隙就可以消除掉了。

1.7 涂抹定型剂

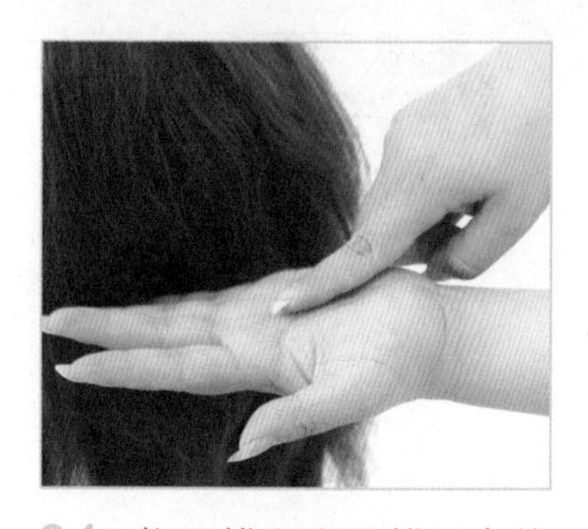

64. 将干蜡和光泽蜡以大约 3:1 的比例涂抹到手心并充分混合。定型剂的种类和配制的比例，要配合发质和发量进行调整。

65. 首先涂抹后脑区的内侧。最初就涂抹在头发表面的话，会令发质变重，所以要注意。

66. 涂抹中间到发梢的位置。

67. 涂抹头顶和前额的位置。

68. 使用包发梳梳理头发，使定型剂与头发充分接触。

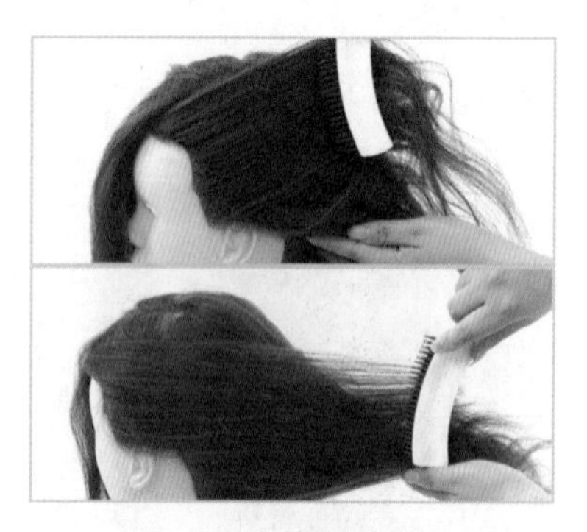

69. 使用 S 形包发梳梳理，从发根到发梢充分地梳理使定型剂融合，发梢缠在一起打结的头发也要梳开（※7、※8）。

※7 进一步制作固定的基础发型

将定型剂涂抹在手上，使用包发梳刷取，从而使包发梳上沾满定型剂。

→

这样理顺内侧的话，定型剂就会到达细部，能够更好地完成之后的发型。

※8 制作发型的准备时间：

15 分钟 【吹风】【用电热卷发筒卷发】【涂抹定型剂】3 项操作能用 15 分钟完成是最理想的。最初可能花费较长时间，要一点一点地去缩短时间。

1.8 效果对比

用电热卷发筒卷发后，比较用梳子和吹风机整理过的状态（处理后）与涂抹了定型剂后的状态（处理前）的不同之处。

前额区

处理前

整体上有光泽，显示出束感和动态。

处理后

发梢蓬乱，看不到光泽和动态。

后脑区

处理前

分散开的发卷显示出动态，也适当增加了束感。

处理后

集中在一起的发卷看起来十分紧凑。

侧发区

处理前

有适度的束感和动态，显示出分量。

处理后

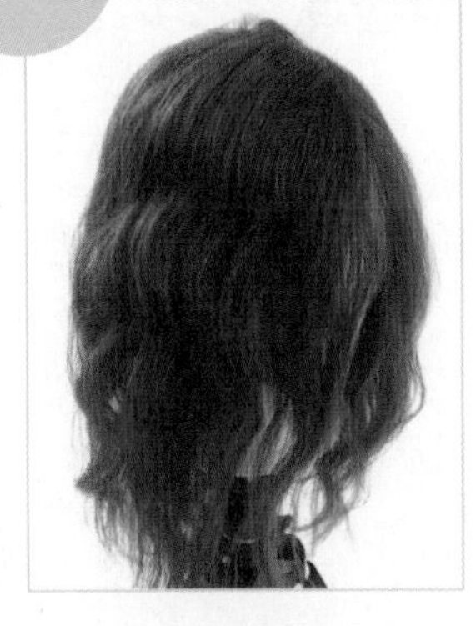

因为头发紧贴在头皮上，所以看起来扁平，缺乏造型。

第2章 编发基础知识

终于进入到第 2 章——编发基础知识了。本章将详细讲解 8 种基础编发方法，让大家熟悉编发的基本技法，为学习后几章关于发型知识做好准备。

2.1 发型的分界线

U 型缝

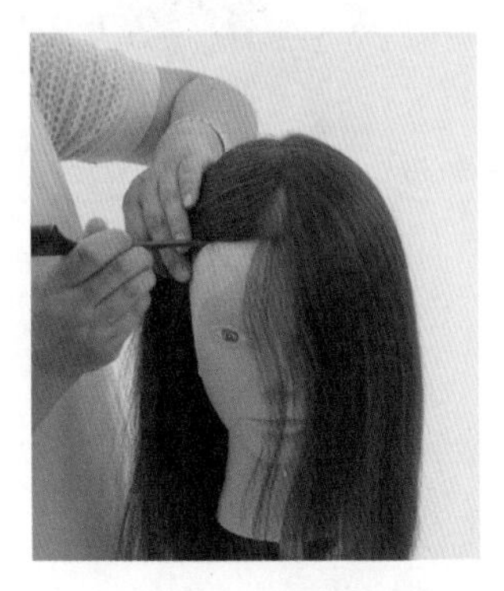

1. 梳理顶发区。

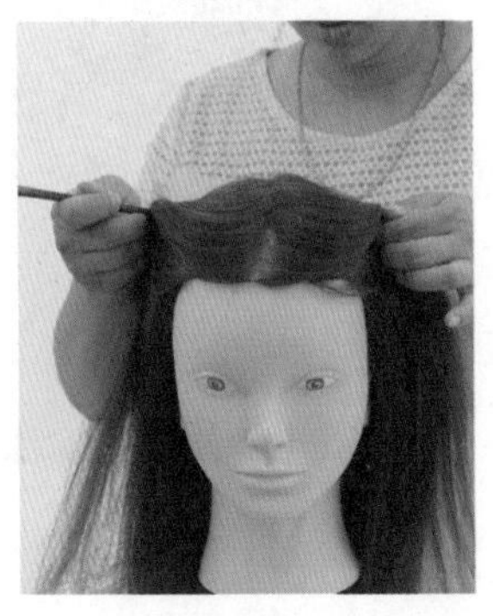

2. 将前面部分的顶发区向后拢。

3. 拢成U型(※1)。

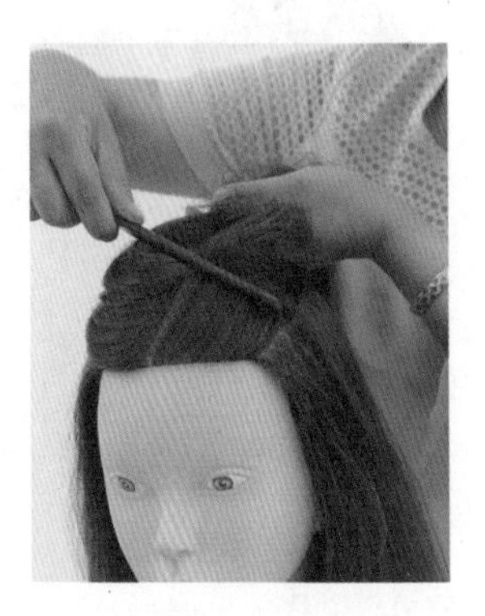

4. 梳理U型部分发束。

5. 梳理完后用皮筋扎紧。

6. 侧视图。

7. 后视图。

※1 U 型发束

取发束时，宽度为刘海区的最长距离，不要过多或过少地取发束。注意左右两个发束的发量要一致。

Z 型缝

1. 梳理头发。

2. 从眼角延长线交点附近开始，以 Z 型划动头发。

3. 划动至后脑点附近位置。

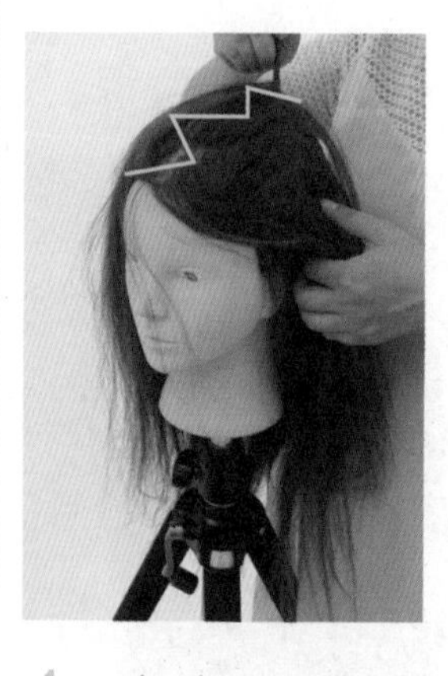

4. 多次以 Z 型划动头发。

5. 将发束分出来（※2）。

6. 整理发束。

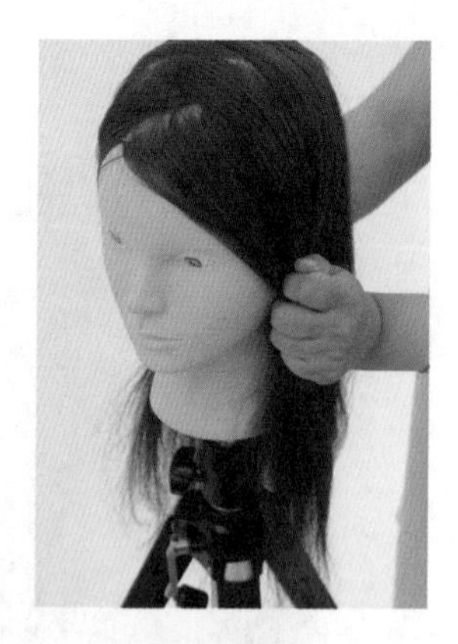

7. 完成图。

※2 取发束

注意这里取发束时，也可按照发缝依次分出发束。

2.2 三角缝 1

1. 梳理头发。

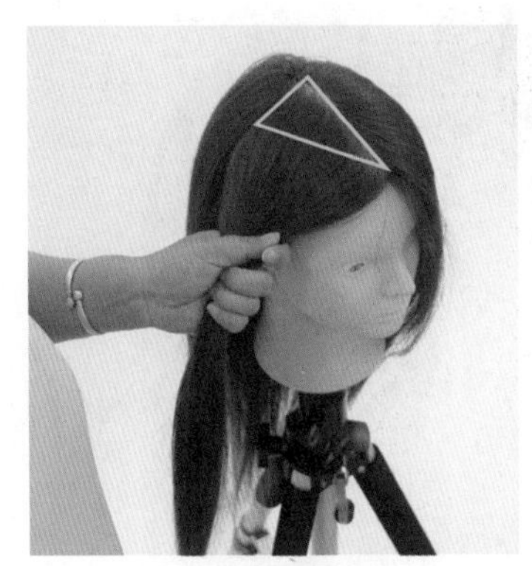

2. 在右侧顶发区取出三角形的发片。

3. 然后用橡皮筋扎紧。

4. 继续向右梳理顶发区发束。

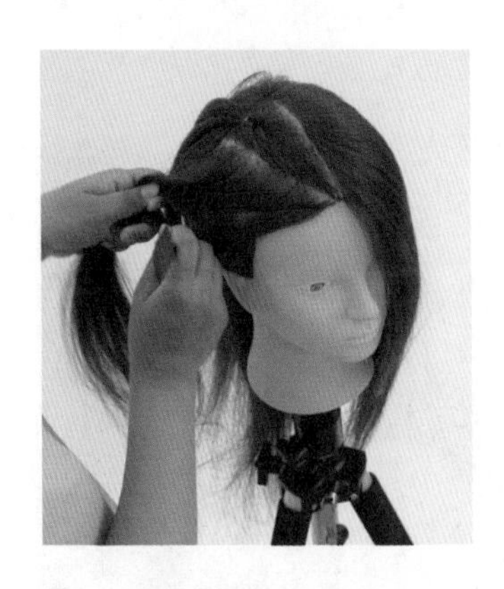

5. 取三角形的发束。

6. 用皮筋扎紧。

7. 用同样方法取第三个发束。用皮筋扎紧。

2.3 三角缝 2

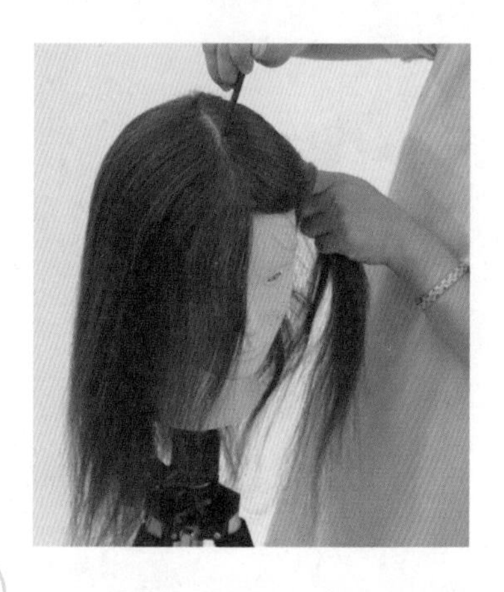

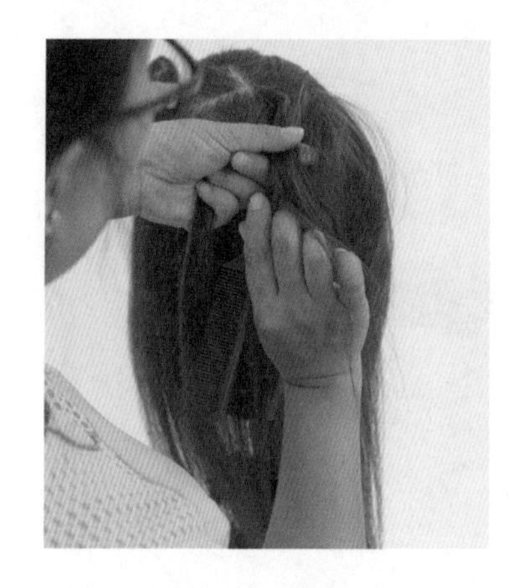

1. 梳理头发。

2. 在刘海三角区取发束。

3. 然后用橡皮筋扎紧。

4. 梳理右侧顶发区。

5. 从右侧顶发区里梳理出一束三角形发束，用橡皮筋扎紧。

6. 在右侧顶发区里再梳理出一束三角形发束，用橡皮筋扎紧。

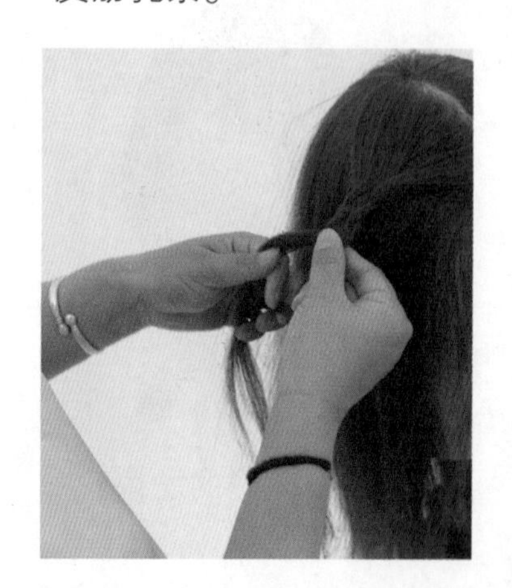

7. 完成效果图。

2.4 拉松发辫

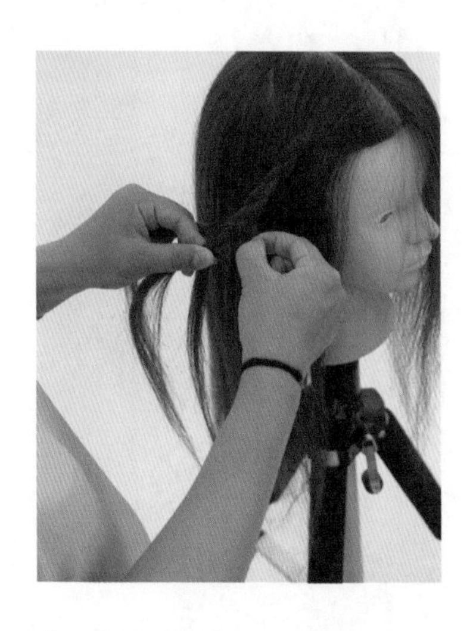

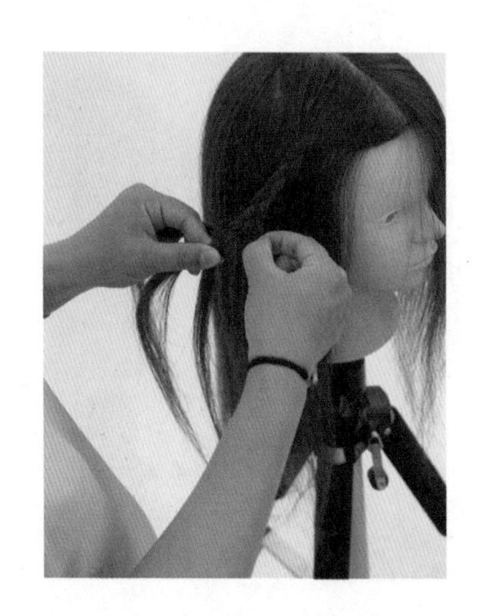

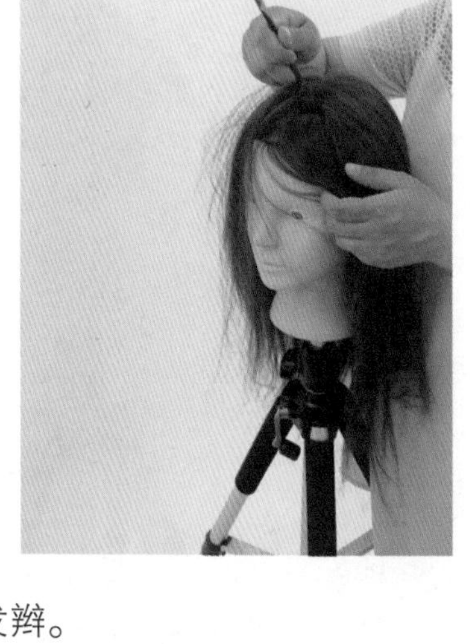

1. 先编好一个三股辫。

2. 从下往上，依次拉松右边发辫。

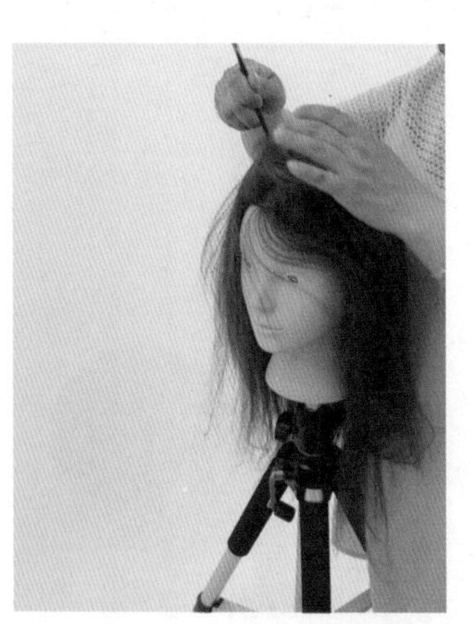

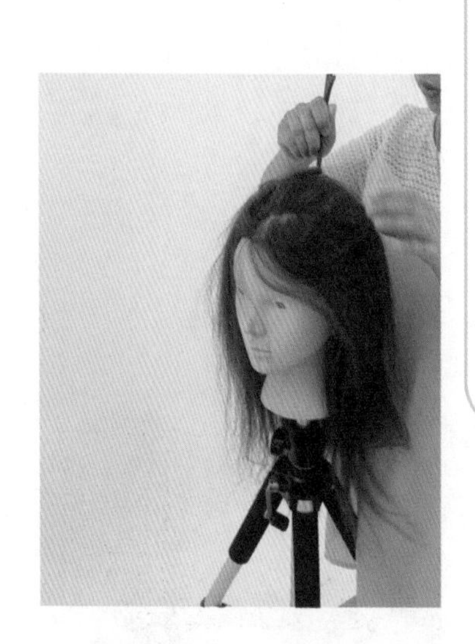

3. 然后再从下往上，依次拉松左边发辫（※3）。

4. 发辫完成效果。

※3 拉松发束

注意这里拉发束时，要把握力度，一点点地用力。如果没有拉到位，可反复多次拉松。切勿一下拉动很多发丝。

2.5 拉发灯笼

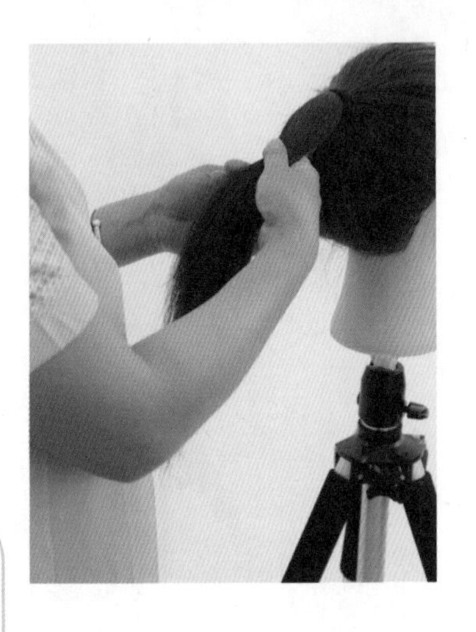

1. 先扎一个马尾。

2. 选取一段发束，用橡皮筋扎紧。

3. 然后开始拉松这段发束。这里要一点一点地拉松，不能一下子拉出很多。

4. 对这段发束四周都要拉松。

5. 从下面部分抬起发辫，一点一点地拉松。

6. 拉松好后的发丝效果。

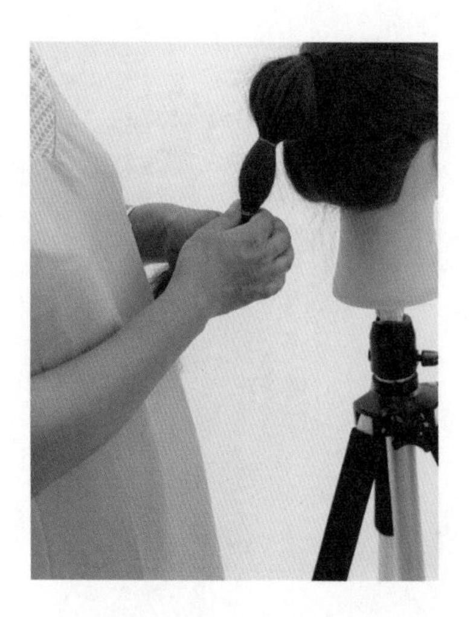

7. 取稍短一段发束，用橡皮筋扎紧。

8. 把这段发束拉松。

9. 用相同方法把最后一段发束拉松。

10. 完成效果图。

2.6 两股拧

1. 取耳上部分两股发束。

2. 将两股发束向同一个方向拧。

3. 将两股发束交叉，把左边发束放在上面。

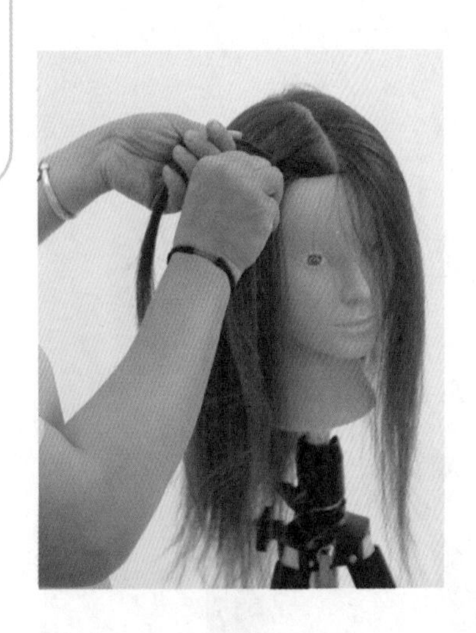

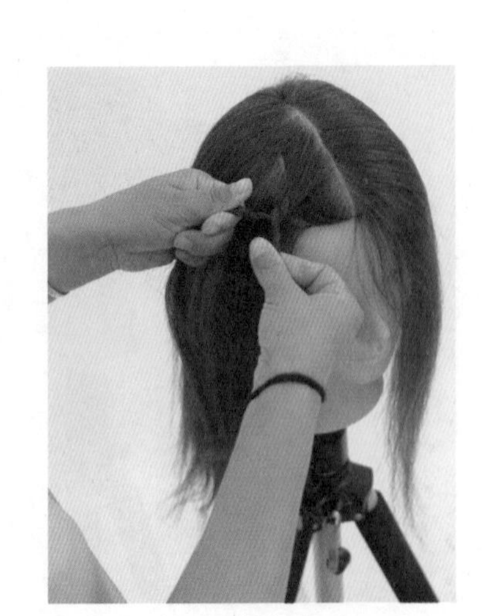

4. 压紧，重复多次交叉。用力，不要让发束松开。

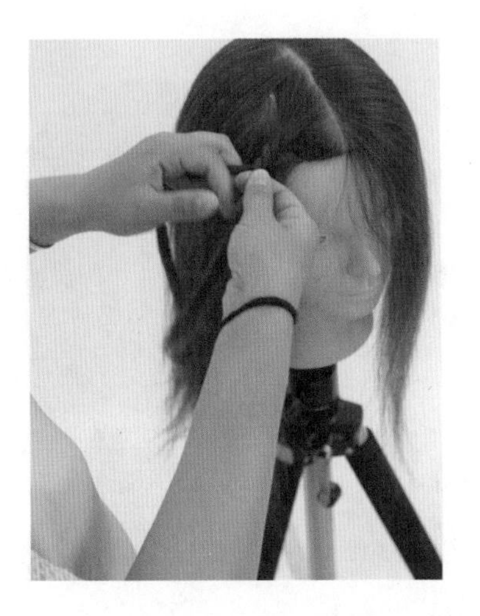
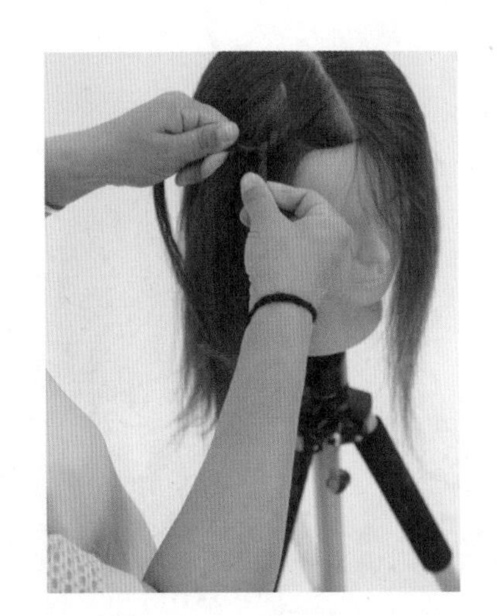

5. 用相同力度，持续把剩余部分编完。

6. 完成效果图。

2.7 四股辫

1. 取耳上部分发片，梳理整齐。

2. 将发片平均分成4份。

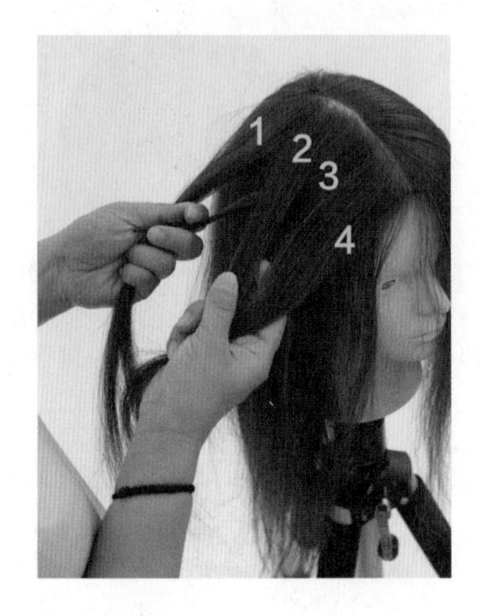

3. 将发束2压到发束3的上方。

4. 将发束4压在发束2的上方。

5. 再将发束3压到发束1的上方。

6. 梳理整齐。不要有细碎发丝掺杂到其他发束中间。

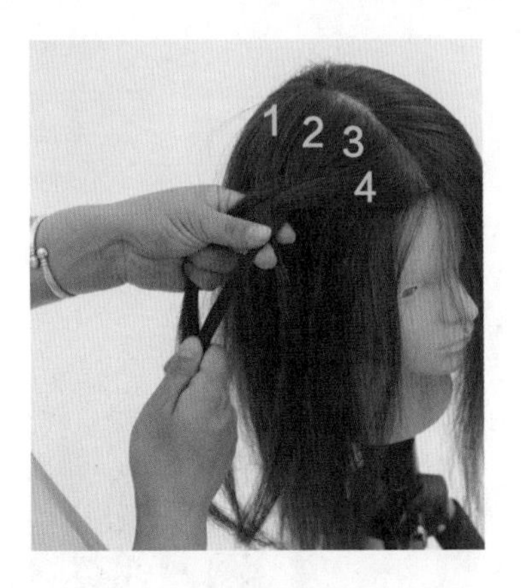

7. 将发束 2 压到发束 1 的上方。

8. 将发束 4 压到发束 3 的上方。然后拉紧 4 条发束，不要有太大空隙。

9. 将发束 3 再压在发束 2 的上方。

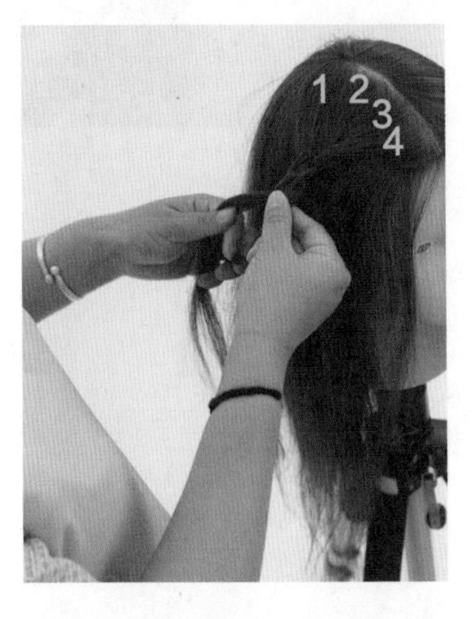

10. 将发束 2 压在发束 4 的上方。注意发辫的松紧程度。

11. 将发束 4 从发束 3 的下方穿过，压在发束 1 的上面。

12. 整理发辫。

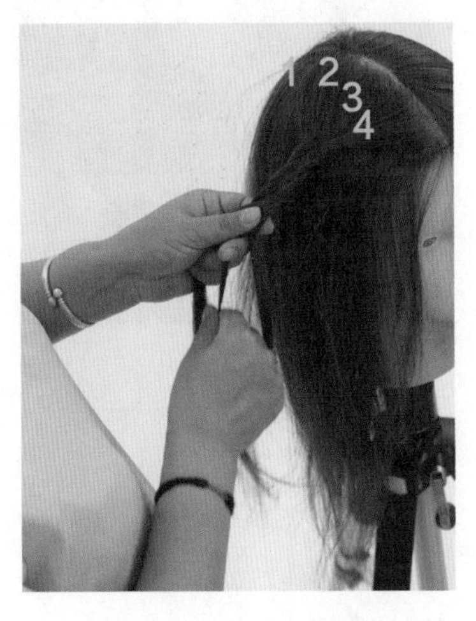

13. 将发束 2 压到发束 3 的上方。

14. 完成效果图。

2.8 加丝带 1

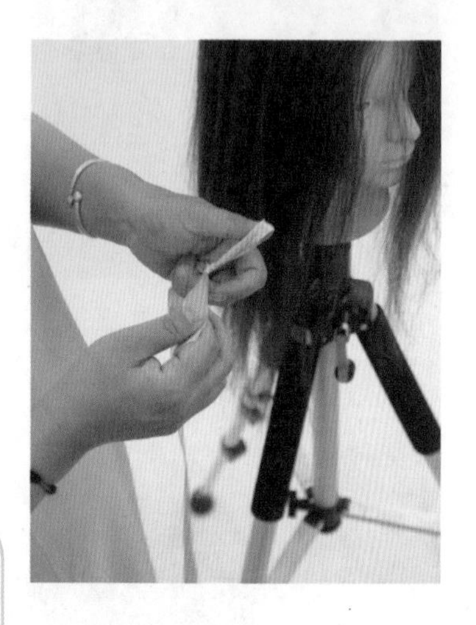

1. 把丝带打一个活扣。

2. 将发片平均分成3份。

3. 抽紧丝带。

4. 将发束3压在发束2的上方。

5. 再将发束3压到丝带的上方。

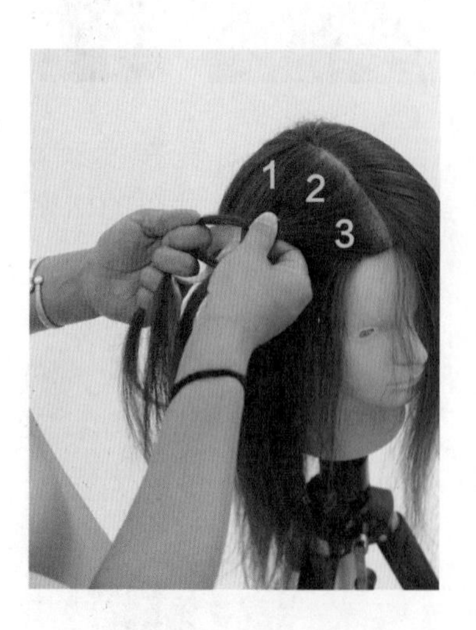

6. 将发束3压在发束1的上方。

7. 此时发束 1 也在丝带的上方。

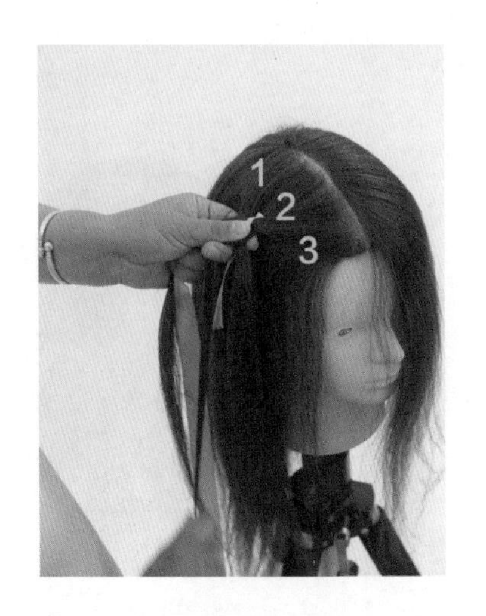

8. 拉紧发辫（※4）。

9. 调整好发束位置。

10. 将发束 2 从下压到发束 1 的上方，再把丝带压到发束 2 的上方。

11. 把发束 3 压在发束 2 的上方，再将发束 1 从右边压到发束 3 的上面。

12. 整理发辫。

※4 丝带整理

丝带一定要绑紧在头发上，否则会在编发时松脱。整理发辫时，也要注意编丝带的力度，不宜过紧也不宜过松，在整理发辫时及时调整。处理好编丝带的效果。

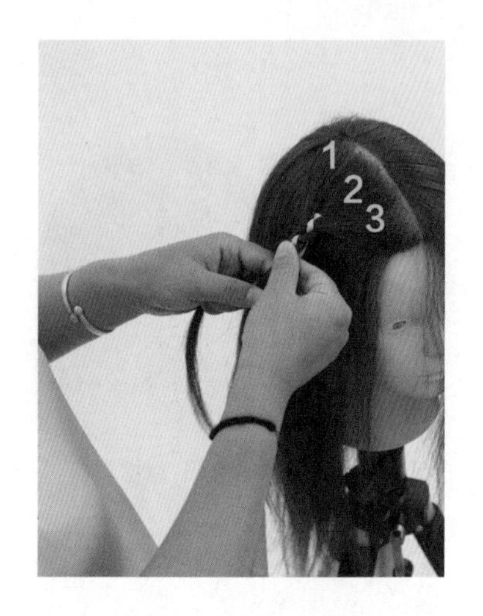

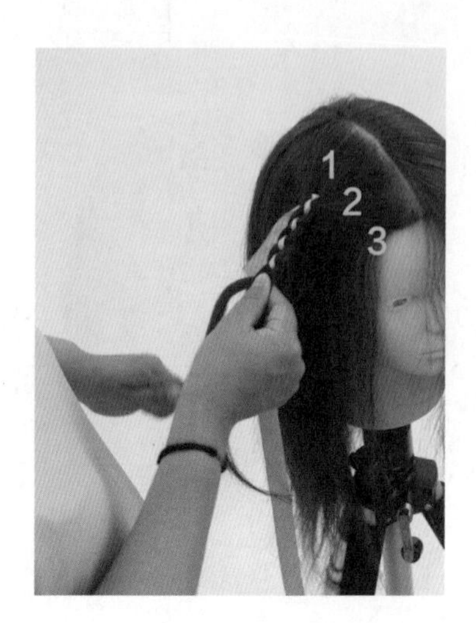

13. 重复步骤 4~11。

14. 完成效果图。

2.9 加丝带 2

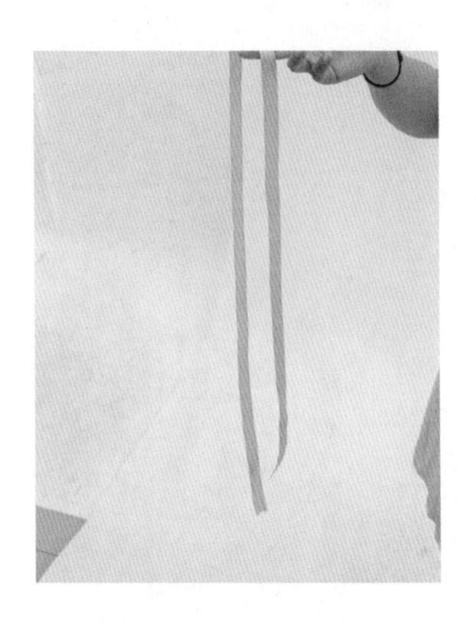

1. 丝带对折。

2. 将发片平均分成 3 份。

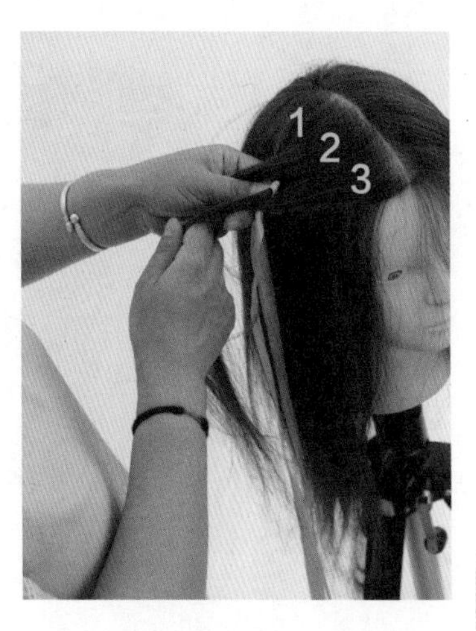

3. 将发束 1 从下面穿过发束 2 和丝带，压在发束 3 的上方。

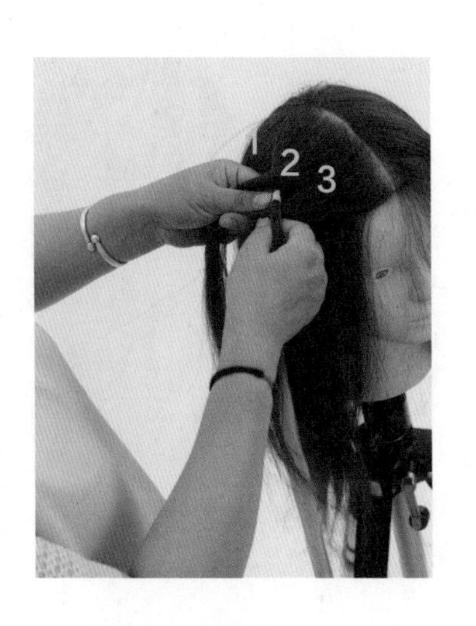

4. 整理发束。

5. 再将上面那根丝带从下缠绕发束 3 一圈。

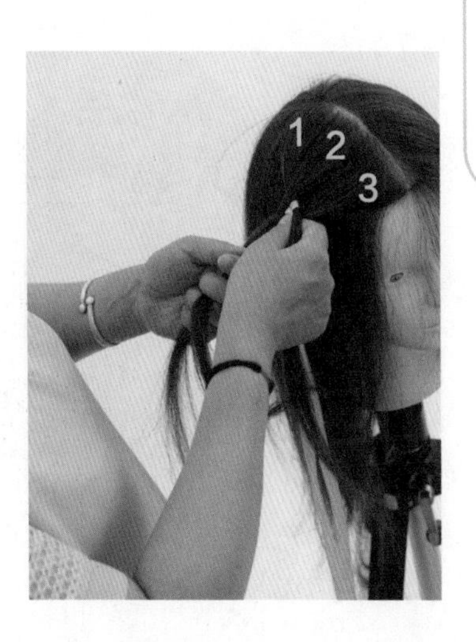

6. 再把发束 3 压到发束 2 的上方。

7. 再把发束 2 压到发束 1 的上方。

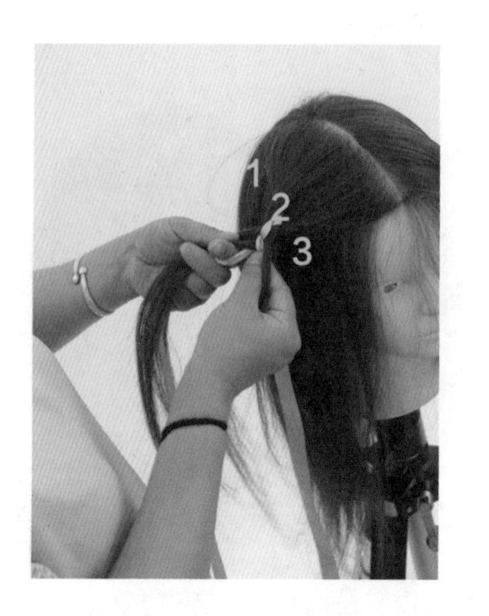

8. 将上面那根丝带缠绕发束 1 一圈。

9. 将发束 2 交叉到发束 3 的下方。

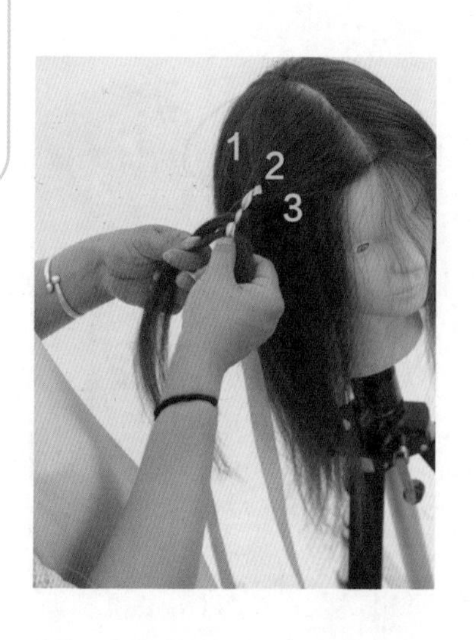

10. 将上面那根丝带缠绕发束 3 一圈，并把发束 3 压到发束 1 的上方。

11. 将发束 2 压到发束 1 上方。

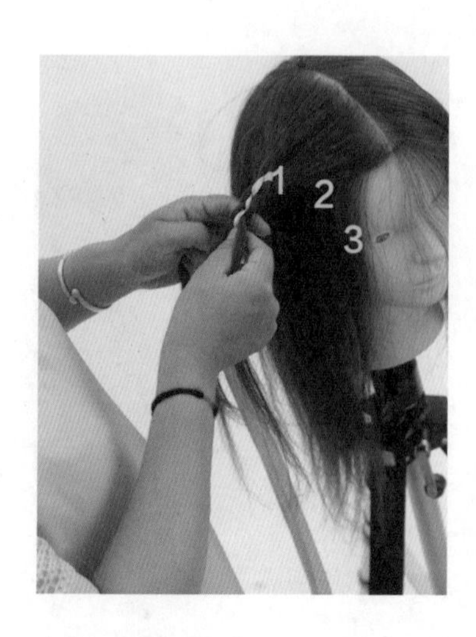

12. 整理发辫。

13. 将发束 1 压到发束 3 的上方，并将丝带缠绕发束 1 一圈。

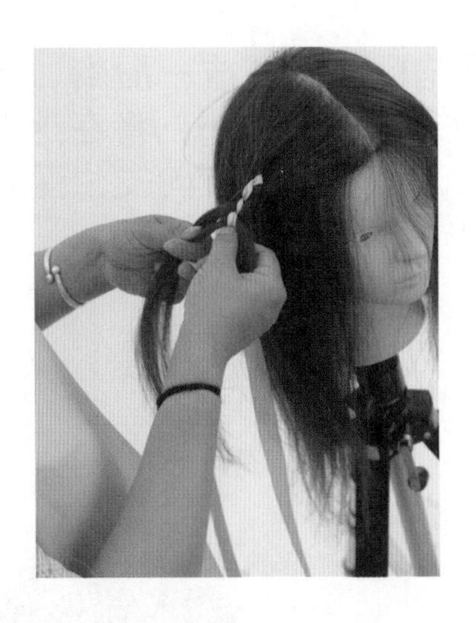

14. 整理发辫，并按照以上步骤编完剩下的发束。

15. 完成效果图。

第3章 一股辫+向前螺旋卷

终于进入到第 3 章——发型制作阶段了。本章将讲解如何将后脑区头发扎成一股辫，以及将发束制作成向前螺旋卷发型的方法。另外，将在这个发型的基础上进行两种不同调整，使发卷的方向发生变化。

3.1 造型介绍

制作发型的流程

首先制作后脑区的一股辫，因为是分两步做，然后结合成一体，所以很难走样。侧发区和前额区要收紧，用集中成一股辫的发束制作向前的螺旋卷。

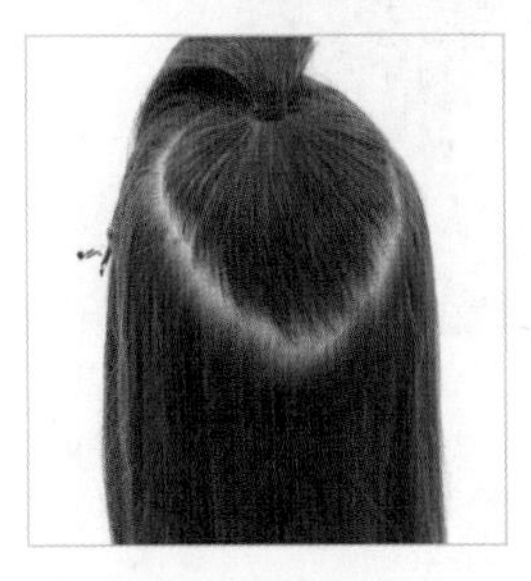

①制作一股辫。

②将后脑区发束与之前的一股辫合成新的一股辫。

③拉紧侧发区和前额区。

④将扎成一股辫的发束做成螺旋卷。

学习要点

□掌握发束的梳理方法

学习梳理发束时的基本动作。记住拉出发束的方式和梳子的插入方式，以及手的动作变化。

□能够扎起一股辫

能够掌握如何制作一股辫光滑的表面和美丽的外形，以及使一股辫保持稳定，不松弛的梳扎方法。

□能够制作向前螺旋卷

从扭转发束开始，制作向前的螺旋卷。因为拉出细小的发束能够增加螺旋卷的蓬松度，所以设计发型时增加了这一步。

一股辫 + 向前螺旋卷

将后脑区扎成一股辫并将一股辫做成向前螺旋卷的发型，同时收紧两侧、头顶和前额的头发。学习一股辫的梳扎方法，以及将发束扭向前方，做成向前螺旋卷发型的方法。

打开手机，扫一扫二维码，即可观看高清视频。

3.2 分区和梳理

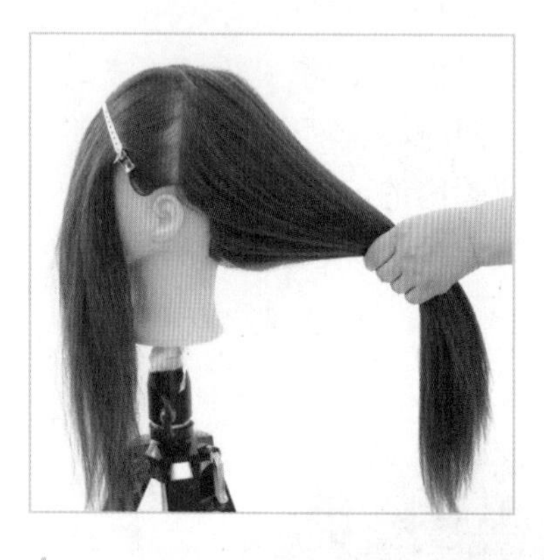

1. 以耳朵前上方和头顶黄金点的连线为界，将头发前后分开。

2. 将尖尾梳顶端紧贴在头顶中心偏左 2~3 厘米的位置。

3. 以步骤 2 中的位置为起点，向后脑区左侧面画曲线来给头发分区。大而弯曲的轨迹可以使侧面的头发更容易被梳起。

4. 到正中线处停止梳理。

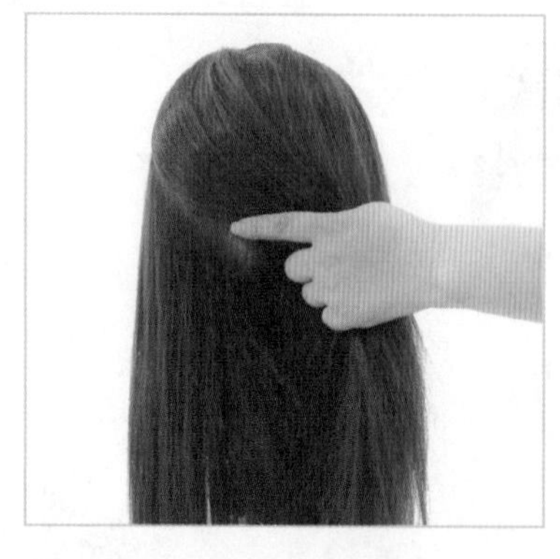

5. 左手握住发束并将左手食指放在正中线上。

6. 右侧发区也同样，从头顶中心偏右 2~3 厘米的位置开始。

※1 发束的梳理方法

将发束提到较高的位置，向上梳理中间到发梢的位置。因为和发根相比发量变少，所以很容易梳上去。

拿起发根附近头发的话，由于发量很多，所以很难将发束往上提。

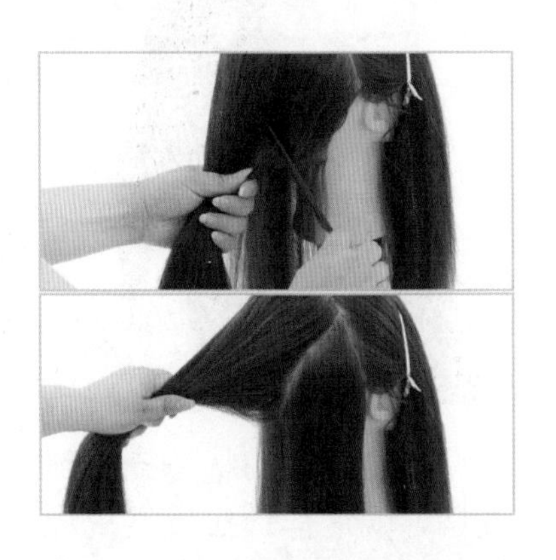

7. 在后脑区右侧面画较大的曲线来给头发分区。以放在正中线上的左手食指为目标移动梳子的话，更容易使两侧分区对称。

8. 边检查留在左右外侧的发量，边使用尖尾梳的尾端调整分区的形状。

9. 分出来的发束将扎成一股辫，扎起之前先使用S形包发梳进行梳理，要将发束抬到较高的位置来梳理（※1）。

10. 将发束抬到合适的位置，而后用S形包发梳将发束向抬高的方向梳理(※2)。

11. 抬高发束后，头顶区的一面也要进行梳理。

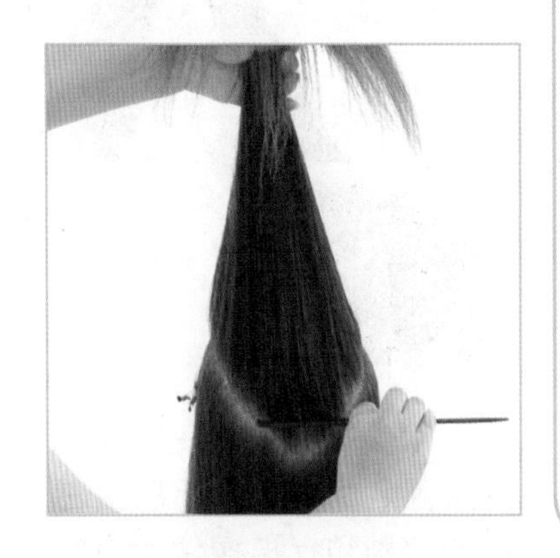

12. 换回尖尾梳，继续从发根到发梢充分梳理。

※2 选择符合目的的梳子

需要抬高发束和改变头发的方向时使用S形包发梳。因为梳子的齿间空隙大、绒毛长，所以能够梳理到发束的内侧。

13. 将尖尾梳的梳齿从右向左插入发束的中间位置。

14. 将发束和尖尾梳一起逆时针旋转 90 度。

15. 保持扭转的状态梳理到发梢，就这样边扭转发束边梳理，对发束进行充分的精梳（※3）。

16. 拿尖尾梳的手在较高的位置固定住发束，而后用左手的拇指和食指握住发束的发根，将发根集中在头顶的黄金点上。

17. 左手握住发束，右手用尖尾梳梳理至发梢，注意左手拇指不要动摇。

※3 扭转发束

梳理整束发束且做出旋转的操作，也可以从左侧插入尖尾梳来进行。

1. 在发束的中间，从左向右插入尖尾梳。

2. 将发束与尖尾梳一起逆时针旋转 90 度。

3. 保持扭转梳理，直到发梢。

3.3 用橡皮筋扎一股辫

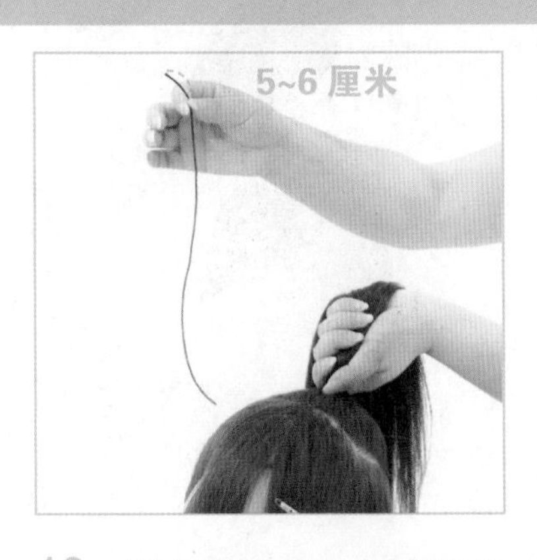

18. 用右手的拇指和食指拿橡皮筋，位置大约在距离橡皮筋末端5~6厘米的地方。

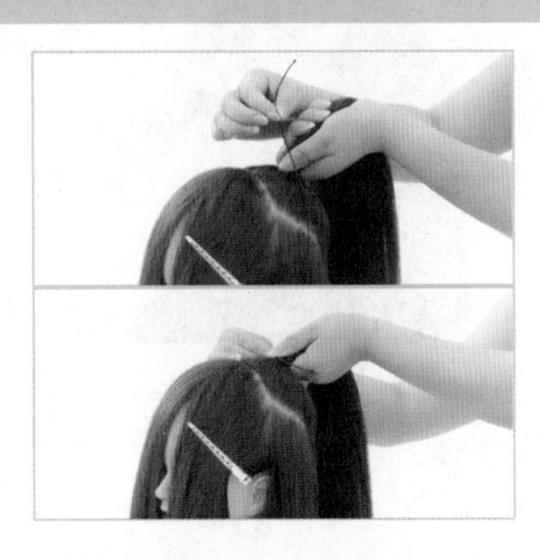

19. 将橡皮筋的末端朝向自己，用左手的拇指和食指固定在发束根部。

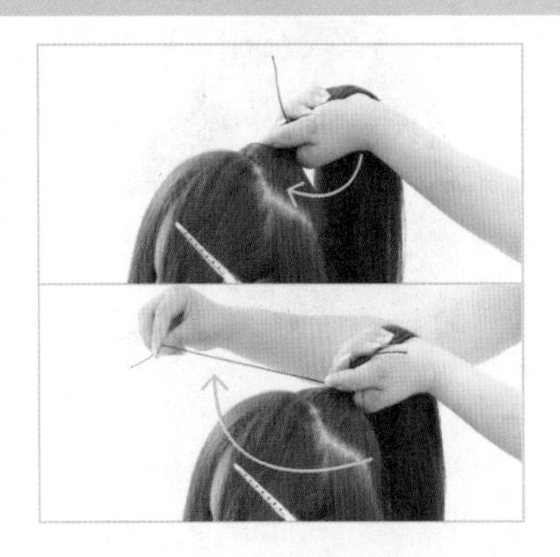

20. 左手拿住橡皮筋一端保持不动，右手拿橡皮筋另一端，绕发束顺时针旋转 3~4 周。注意橡皮筋不要扎在发梢一侧，要扎在靠近发根的一侧。

21. 用右手的拇指和食指拿住橡皮筋的两端，左手的拇指和食指固定住发根上的橡皮筋。

22. 将左右两根橡皮筋交叉，左侧的橡皮筋在下面，右侧的橡皮筋在上面。

23. 将橡皮筋交叉的部分，用右手的拇指和中指捏着。

24. 将其中一根橡皮筋的末端穿过两根橡皮筋交叉后形成的洞，且需要穿过两次，但不要系死结。

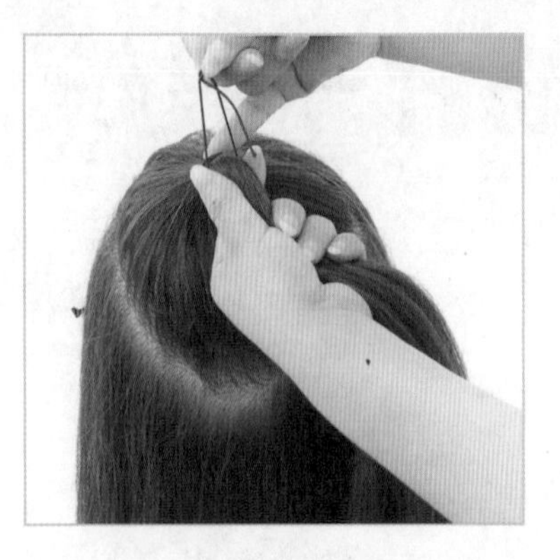

25. 用右手的小指按住发束的发根。

26. 两只手各拿起橡皮筋的一端，在发束的发根处系起来。

27. 在离橡皮筋打结的一端约5毫米的位置用剪子剪开橡皮筋，两根都要剪。

28. 将发根的位置定在头顶的黄金点上，形成一股辫的状态（※4、※5）。

※4 分区的形状

将一股辫在较高的位置分区的话，放入假发片的时候，能够用后脑区的发束将假发片完全遮盖。

如果从较低的位置分区，后脑区剩余的发量就无法完全覆盖假发片，还必须使用侧发区的头发。

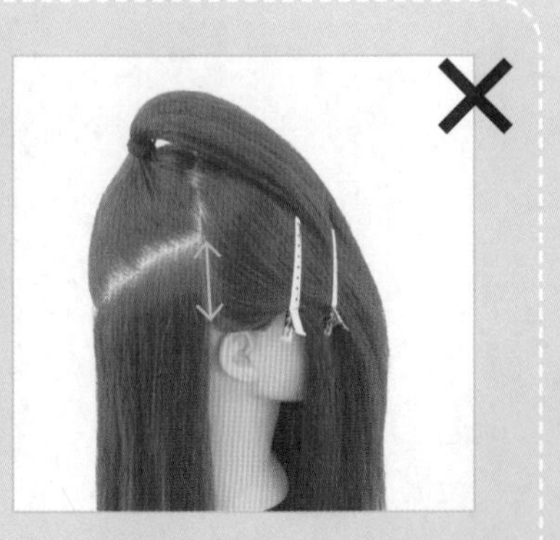

3.4 用包发梳梳理后脑区

29. 将后脑区余下的头发集中在一起，在较低的位置抓住发梢，用S形包发梳从发梢的上边插入，向下梳，只梳理发梢。

30. 在发束的中间从上方插入S形包发梳，将发束稍稍往上提的同时梳理到发梢。

31. 在发束的中间从上方插入S形包发梳，将发束向上提到与之前一股辫的橡皮筋等高的位置，梳理到发梢。

32. 在发束的中间从上方插入S形包发梳，将发束抬到斜上方，梳理到发梢。

33. 将S形包发梳的侧面紧贴在后脑区左侧的分区线上，握发束的左手保持不变，梳子侧面紧贴头发，向上梳到与橡皮筋齐平处。

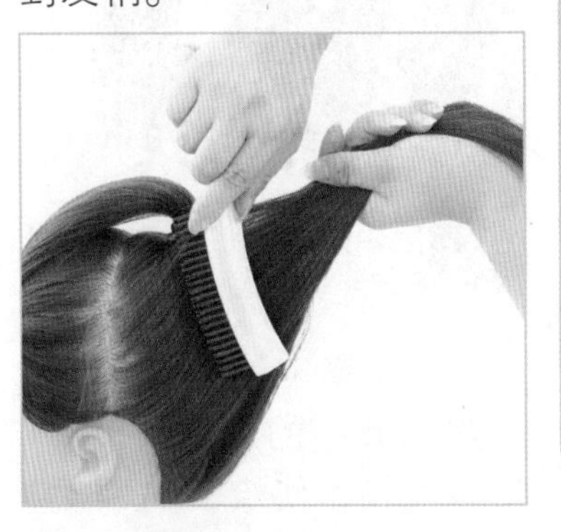

34. 旋转S形包发梳，使梳子的鬃毛相对发束成直角，并插入发束中。

※5 分两次扎成一股辫

扎一股辫的时候，将头发一次性全部抬高梳理的话，处理的发束会变多操作起来会非常困难。分两次扎就比较容易，扎起的一股辫也更加固定，不容易走型。

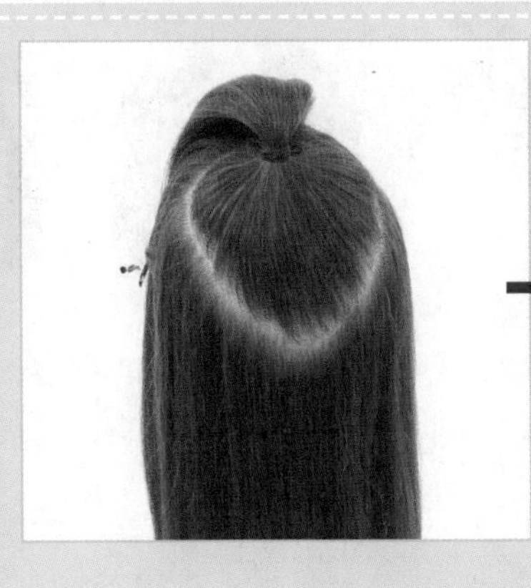

→

35. 往上梳理，至握发束的左手位置为止。梳理的过程中要将发束夹在右手的拇指和梳子之间（※6）。

36. 左手握住发束，右手使用S形包发梳继续梳理，直到发梢为止。

37. 将S形包发梳的侧面紧贴后脑区左侧耳后的发际线，往上梳到与橡皮筋齐平处。

38. 与步骤34相同，在与橡皮筋齐平的位置旋转S形包发梳，使梳子的鬃毛相对发束成直角，并插入发束。

39. 与步骤35相同，梳理到左手握住发束的位置。

40. 与步骤36相同，继续梳理，到发梢为止。

※6 中间到发梢位置的梳法

虽然在照片中使用的是S形包发梳，但是使用其他类型包发梳时，操作步骤也是一样的。

1. 梳到中间为止，将发束夹到拇指和梳子之间。

2. 用右手拇指和梳子控制发束，而后左手向前，在靠近发根的位置握住发束。

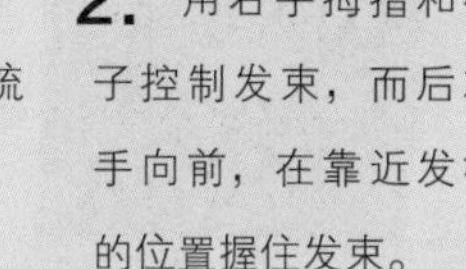

3. 用梳子进行梳理的时候，左手保持住发束的形状，不要散开，用梳子梳理到发梢为止。

41. 后脑区右侧也和步骤33相同，将S形包发梳的侧面紧贴分区线。

42. 握住发束的左手保持不动，将S形包发梳侧面紧贴头发向上梳，直到与橡皮筋齐平处。而后旋转梳子，使梳子的鬃毛相对发束成直角，并插入发束中。

43. 往上梳理，至握发束的左手位置为止。梳理的过程中要将发束夹在右手的拇指和梳子之间。

44. 左手握住发束，右手使用S形包发梳继续梳理，直到发梢为止。

45. 将S形包发梳的侧面紧贴后脑区右侧耳后的发际线。

46. 保持S形包发梳的侧面贴着头发往上梳理，直到与橡皮筋齐平处。

47. 旋转S形包发梳，使梳子的鬃毛相对发束成直角，并插入发束中。

48. 左手握住发束，右手使用S形包发梳继续梳理，直到发梢为止。

49. 最后将脑后区的另一侧下方也再梳理一遍，将S形包发梳的侧面紧贴分区线。

50. 保持S形包发梳的侧面贴着头发往上梳理，直到与橡皮筋齐平处。

51. 旋转S形包发梳，使梳子的鬃毛相对发束成直角，并插入发束中。

52. 左手握住发束，右手使用S形包发梳继续梳理，直到发梢为止。

3.5 用尖尾梳梳理后脑区

53. 取尖尾梳，梳齿紧贴后脑区左侧耳后的发际线，梳理到与橡皮筋齐平处。

54. 将尖尾梳的梳齿相对发束成直角插入发束中，能够更充分地梳理头发。

55. 梳理至握发束的左手位置为止。梳理的过程中，要将发束夹在右手的拇指和梳子之间。

56. 左手握住发束，右手使用尖尾梳继续梳理，直到发梢为止。

57. 将尖尾梳梳齿紧贴后脑区左侧耳后的发际线，梳理到与橡皮筋齐平处，而后将梳齿相对发束成直角插入发束中。

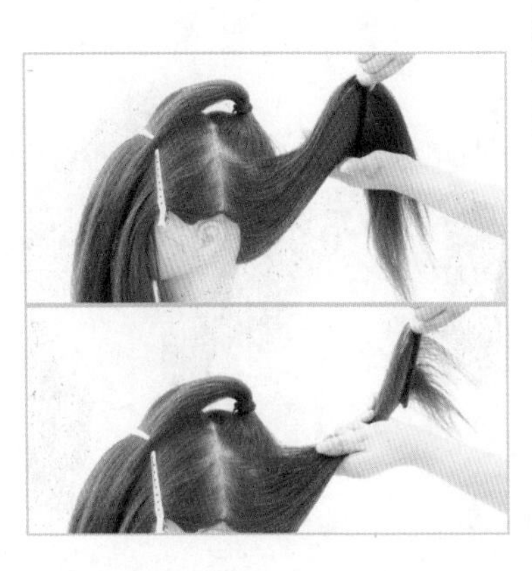

58. 与步骤55~56相同，梳理到发梢为止。

59.后脑区右侧与步骤53相同，将尖尾梳梳齿紧贴后脑区右侧耳后的发际线，梳理到与橡皮筋齐平处。

60.将尖尾梳的梳齿相对发束成直角插入发束中，能够更充分地梳理头发。

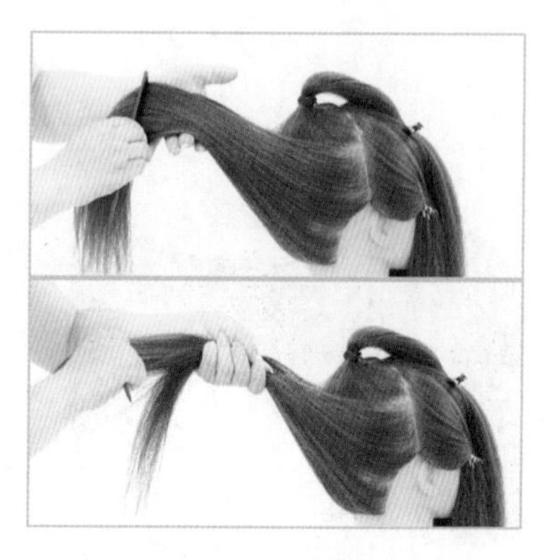

61.梳理至发梢为止，梳理的过程中要将发束夹在右手的拇指和梳子之间。

62.将尖尾梳梳齿紧贴后脑区右侧耳后的发际线，梳理到与橡皮筋齐平处。

63.将尖尾梳梳齿相对发束成直角插入发束中。

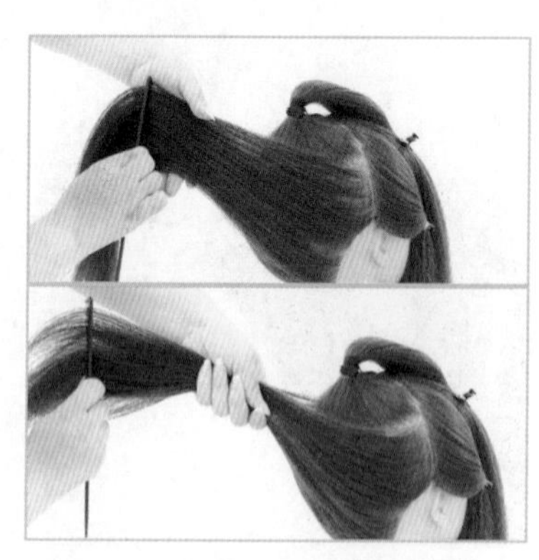

64.与步骤61相同，梳理到发梢为止。

3.6 将后脑区扎成一股辫

65. 将后脑区下方梳理完后，和上方的一股辫集中在一起。

66. 将发束整体往上提，用尖尾梳进一步梳理，将表面整理得顺滑些。

67. 在发束的中间，使尖尾梳与中线平行，从左向右插入发束中，并将发束夹在右手的食指和梳子之间。

68. 用左手握住发束的发根。

69. 与之前扎一股辫时相同，用橡皮筋将后脑区的发束整体扎成一股辫。

70. 一股辫完成后的状态。

3.7 为左侧发区做造型

71. 在前额区以左侧黑眼珠向上的延长线为界将头发左右分区。向头顶方向分区时，分区线可以稍微向左外侧弯曲，以便形成更加自然的完成效果。

72. 取左侧发区的发束，用涂了定型剂的包发梳梳理。首先将包发梳的鬃毛紧贴分区线。

73. 向斜下方进行梳理。

74. 继续梳理，梳理到左手位置时，开始向上提拉高度。

75. 边向上提拉边梳理，直到发梢为止。

76. 在左侧发区下方，将包发梳的鬃毛紧贴在鬓角发际线位置。

77. 将发束向后上方笔直地提拉并进行梳理。

78. 左手控制发束不要松散，右手边向上提拉边梳理。

79. 用左手握住发束，右手梳理到发梢为止。

80. 换成尖尾梳，开始时将梳齿放平并紧贴分区线。

81. 向后梳理的过程中，尖尾梳的梳齿逐渐变成与发束垂直竖起的状态，并插入发束中。

82. 继续梳理，边梳理边向上提拉发束。

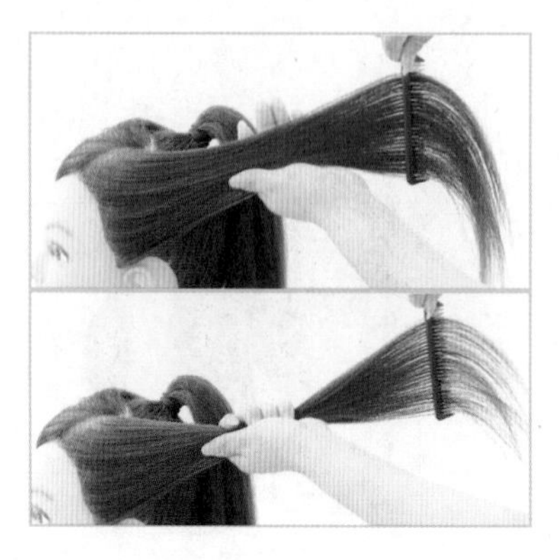

83. 左手握住发束，右手梳理，直至发梢。

84. 将尖尾梳梳齿紧贴在左侧发区鬓角发际线位置，开始向后梳理。

85. 在梳理过程中逐渐将尖尾梳垂直插入发束中。

86. 边提拉发束边梳理，左手控制发束。

87. 左手握住发束，右手梳理，直到发梢为止。

※7 夹子的固定方法 1：外固

对于从下往上扭的发束，应将夹子从发束的上方笔直地插入发束；而对于从上往下扭的情况，则要从发束的下方笔直地插入夹子。

发束从下往上扭的时候，从上方插入夹子。

对于从上往下扭的发束，要从下方插入。

3.8 收紧左侧发区

88. 将左侧发区的发束向右侧提拉，绕过一股辫的下方盖住橡皮筋。

89. 手腕旋转，将发束从下向上扭。

90. 继续扭转发束。

91. 将发束从后向前缠绕到一股辫的发根上，用 U 型夹固定住（※7）。

92. 继续将扭转过的发束往上绕，直到前额区一侧，盖住一股辫发根的橡皮筋，然后用 U 型夹固定住。

夹住的头发过多的话，夹子会弹回去，所以头发要薄一些。

即使插入夹子的位置正确，从发根侧向发梢侧插入夹子也无法固定头发。要从发梢侧插向发根侧才可以。

对于从上往下扭的发束，即便插入上方也固定不住。

3.9 为刘海做造型

93. 用包发梳梳理前额区和右侧发区。握住发束的左手要和一股辫的橡皮筋位置保持同一高度，将梳子的鬃毛紧贴在头发上，向后梳理。

94. 将发束整体向后脑区梳理。

95. 将包发梳的鬃毛紧贴在左侧发区靠近额头的分区线上，向右侧梳理。

96. 继续向右侧斜下方移动包发梳，使头发覆盖住前额。

97. 梳理到鬓角为止。

98. 将包发梳抬起，向后脑区以曲线轨迹梳理。

99.梳理到握住发束的左手高度后，再继续梳理，直到发梢为止。

100.将包发梳的鬃毛紧贴在左侧发区靠近头顶的分区线上。

101.向斜下方进行梳理，同样以曲线的轨迹移动包发梳，弧度要小于步骤95~99的曲线弧度。

102.继续向后脑区梳理，曲线轨迹要与之前盖住额头的曲线发束相互配合，避免出现缝隙。

103.梳理到握住发束的左手高度后，再继续梳理，直到发梢为止。

104.将包发梳的鬃毛紧贴在左侧发区靠近后脑区的分区线上。

105. 以曲线轨迹向后脑区梳理，弧度要小于步骤101~103的曲线弧度，并与其融合在一起。

106. 梳理到握住发束的左手高度后，再继续梳理，直到发梢为止。

107. 换成尖尾梳，将梳齿紧贴左侧发区靠近额头的分区线上，向右侧梳理，使头发覆盖住前额。

108. 以曲线的轨迹梳理到鬓角。

109. 将梳齿上方的头发继续梳理，以曲线的轨迹梳理到握住发束的左手高度，再梳理到发梢。

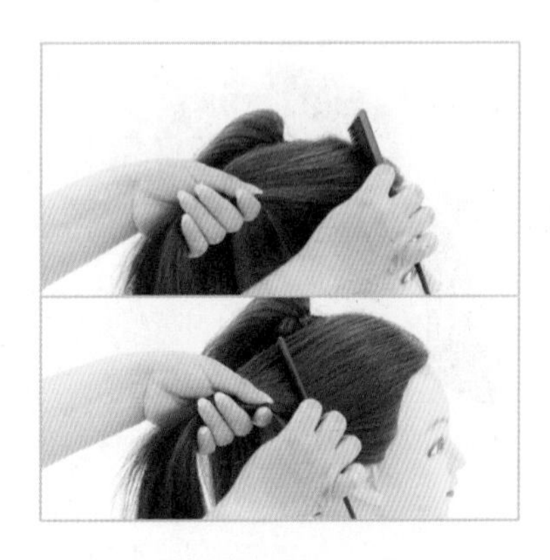

110. 将尖尾梳梳齿紧贴在左侧发区靠近头顶的分区线上，向斜下方梳理，梳理的曲线弧度要小于步骤107~109的曲线弧度。

111. 梳理到握住发束的左手高度后，再继续梳理，直到发梢为止。

112.将尖尾梳梳齿紧贴在左侧发区靠近后脑区的分区线上。

113.向斜下方梳理，梳理的曲线弧度要小于步骤110~111的曲线弧度。

114.梳理到握住发束的左手高度后，再继续梳理，直到发梢为止。

115.这样就形成了从前向后的自然的曲线型头发走向。

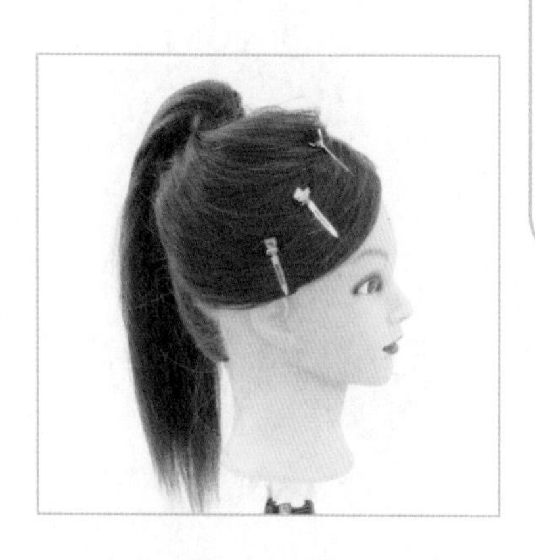

116.用单叉夹固定住头发，使其保持住形状，不走样。

3.10 收紧右侧发区

117. 用左手捏住步骤116中做出的曲线型发束，旋转手腕，从上向下扭。

118. 将发束向右侧发区一边提拉一边扭，缠绕在一股辫的下方，用U型夹固定。

119. 继续一边扭转发束一边沿着一股辫的发根缠绕，直至头顶正面的方向，用U型夹固定。

120. 将从两个侧发区缠绕在一股辫上的两个发束合并成一个。

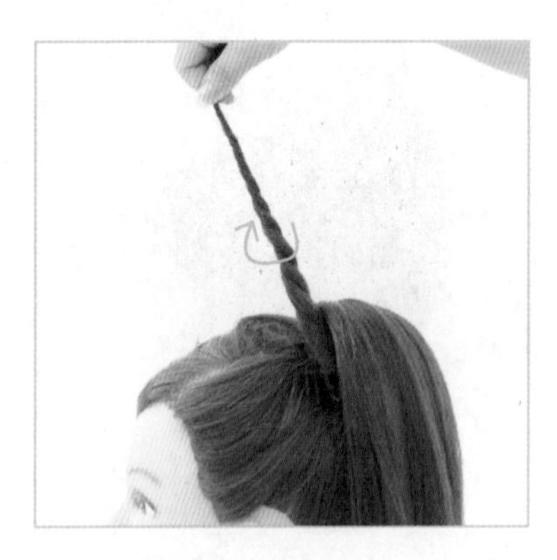

121. 将合并后的发束以顺时针方向扭转。

122. 将扭转过的发束从发梢开始，顺时针向发根的方向转动，形成漩涡状的螺旋曲线。

123. 将缠绕好的漩涡状螺旋发束放在一股辫发根的前方头顶处，用左手手指按住发束的两侧。

124. 在用手指按住的地方插入 U 型夹固定（※8）。

125. 再取一根 U 型夹，置于发束的左侧面。

126. 将夹子插入螺旋发束的左侧内部。

127. 向内推入夹子，直到从外面看不到夹子的痕迹为止。

※8 夹子的固定方法 2：内固

将在步骤 124~127 中学到的固定夹子的方法称作“内固”，在需要将集中成环状的发束牢牢固定在发根上时使用。

3.11 制作向前的螺旋卷

128. 梳理在后脑区集中起来的一股辫，用涂上定型剂的包发梳梳理中间到发梢的位置，消除发梢的蓬乱。

129. 使用包发梳充分梳理发束内侧。如果发丝相互缠绕打结的话，发束就很难整齐地拉出蓬松螺旋卷，所以需要充分梳理。

130. 将发束翻转到前额区一侧，用左手握住。

131. 将手腕旋转到向下的方向，将发束缠绕在食指上。

132. 继续旋转手腕，同时用食指用力地按住发束。

133. 在右手的帮助下持续旋转发束，直至上图所示位置。旋转后的发束覆盖在头顶区上。

134. 左手握住发束不动，用右手拇指和食指指尖从发束靠近根部的位置将发束一点一点地拉出来。

135. 以步骤 134 拉出发束的位置为基点，向发梢的方向略微移动手指，同时一点一点地拉出发束。

136. 继续向发梢方向微微移动手指，同时拉出发束。

137. 每次拉出的发束要有高有低，有所差别，要边看整体造型是否平衡边进行下一步操作。

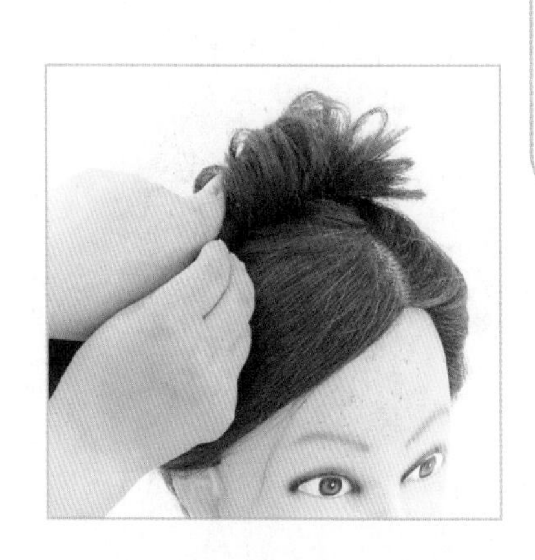

138. 拉出发束的操作进行到左手食指按住发束的位置附近为止，然后用 U 型夹固定住发束。

139. 由于拉出发束的操作会令发梢缠绕打结，所以需要用尖尾梳认真地梳理。担心蓬乱不易打理的时候，可以在梳子上涂抹少量定型剂再梳理。

140. 将梳理后的发束握在左手上，缠绕到食指上。

141. 将手腕旋转到向下的方向，扭转发束。

142. 继续旋转手腕，同时用食指用力地按住发束，在右手的帮助下持续旋转发束，直至上图所示位置。

143. 与步骤 134~137 中的动作相同，抓起细的发束，往上拉出。

144. 手指向发梢位置移动，边移动边拉出发束，同时观察整体造型的平衡性。

145. 拉出发束的操作进行到左手食指按住发束的位置附近为止，然后用 U 型夹固定住发束。

146. 将剩下的发尾用尖尾梳梳理。

147. 取少量的定型剂，涂抹于包发梳上再进行梳理的话，能够表现出束感。

148. 重复步骤 140~144 的操作，将剩余的发尾部分也进行旋转并拉出螺旋卷的效果。

149. 最后将发梢轻轻地扭转，并用 U 型夹固定住。

3.12 完成效果

复习吧

掌握用尖尾梳和S形包发梳梳理的顺序了吗?

在本章学到的,对后脑区、侧发区、前额区进行梳理的方法,即使是在后面的章节中也是经常使用的技术。因为整理头发走向的技术,关系到发型的质量提升,所以要进行反复练习。

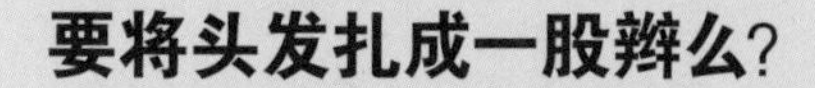

要将头发扎成一股辫么?

扎成一股辫的头发,即使在升级的造型中也是具有代表性的设计。首先不能有碎发,其次,要在较高的地方收紧发根,将头发集中成一束美丽的秀发。

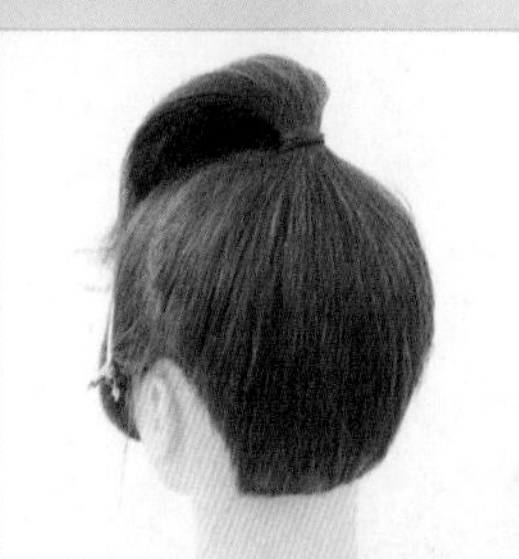

3.13 调整发型后比较 1

1. 一股辫 + 向前螺旋卷。

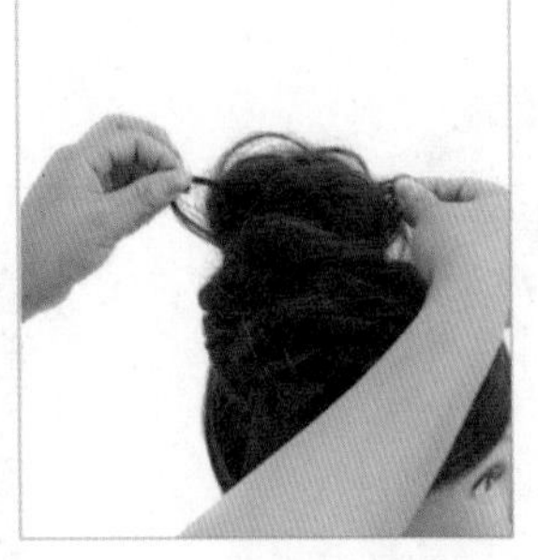

2. 将头顶区螺旋卷已经拉出的发束继续较大幅度地拉出，注意拉出发束的方向要错开。

3. 将螺旋卷的其他部分也进一步扩大拉出幅度并前后错开，在卷上显出进深感。

4. 在刘海的表面拉出一些细小的发束，使表面略带凌乱飘逸的感觉。

5. 完成。

试着比较吧!

确认在哪里加上了整理，是什么样的整理。

进一步拉出发束、扩大卷度的方法，使发束显出柔和性，也使方向发生了变化。

配合有动态的卷，将刘海的表面略做打乱后，调整了整体的质感平衡。

不打乱发梢，只是发夹夹着的状态，有卷的部分和没有卷的光滑前额区对比过于强烈，不够统一，会给人不自然的感觉。

拉出的发束较粗、高度一致的话，会使人感觉不到动态，给人非常生硬的印象。

3.14 调整发型后比较 2

1. 以步骤 1~70 的顺序在后脑区扎一股辫，并进一步以步骤 71~127 的顺序将两个侧发区的发束紧紧地集中在一股辫发根周围。

2. 从一股辫的发束中分取出一股较细的发束，用尖尾梳梳理。

3. 手腕向下旋转，将发束缠绕在手指上。

4. 拉出细小的发束，制作从正面能看到具体形状的螺旋卷。

5. 将做出螺旋卷的发束用 U 型夹固定在发根上。

6. 与步骤 2 同样，从一股辫中分取较细的发束，向上旋转手腕，将发束绕缠在手指上。

7. 拉出细小的发束，边操作边观察拉出的螺旋卷之间的重叠方式和角度是否平衡，将做出螺旋卷的发束用U型夹固定在发根上。

8. 重复步骤2~5的操作，将一股辫分为若干束来进行。注意每次旋转的方向、位置和角度都要有所变化，拉出发束的力度也要加以控制。

9. 最后，将剩下的发梢也做出螺旋卷，并用U型夹固定住。

效果对比

确认在哪里加上了整理，是什么样的整理。

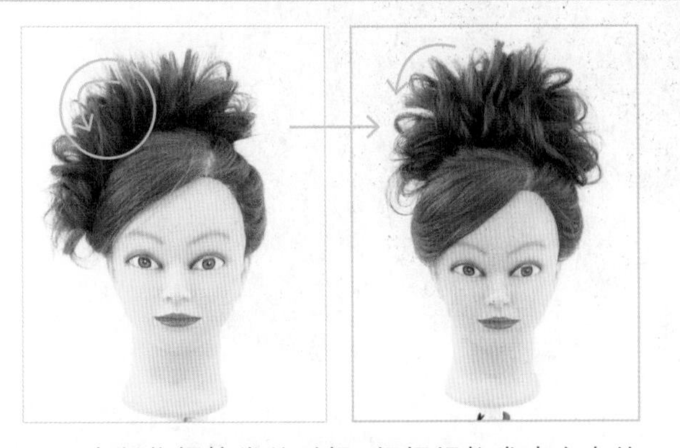

在制作螺旋卷的时候，根据提拉发束方向的不同，从正面能看到的螺旋卷的动态也会发生相应的变化。一股辫整体扭转后提拉，从正面会看到螺旋卷的侧面；而分取后单个扭转提拉，则能从正面看到环状的螺旋卷。

10. 完成。

第4章 折返+两侧向前的螺旋卷

本章将以在第2章学到的技术为基础，讲解侧发区的发型设计和与向前螺旋卷有所变化的发型。关于具体制作发型的方法，请一边确认基本的手法技巧和操作顺序，一边掌握正确的技术吧。

4.1 造型介绍

制作发型的流程

以在第二章学到的方法为基础，从扎成一股辫的状态开始，在左右的侧发区制作折返，成为这个发型设计的亮点。将头顶黄金点上的一股辫分成两个发束，分别制作向前的螺旋卷，增加发型的华丽感。

①将后脑区扎成一股辫。

②在左右的侧发区制作折返。

③将左右侧发区的发梢用U型夹固定住。

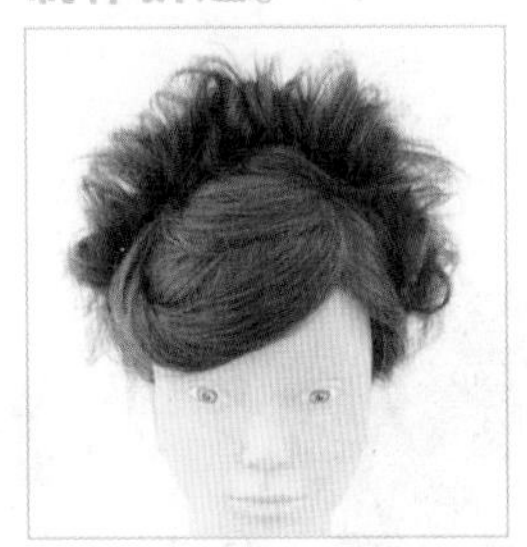

④将扎成一股辫的发束分成两部分，分别制作向前的螺旋卷。

返回＋左右的向前螺旋形曲线卷

在侧发区制作折返发束的设计构成这个发型的核心。具体操作是，将在后脑区扎的一股辫分成两个部分，用各自的发束制作向前的螺旋卷，与左右侧发区的折返设计相互搭配。

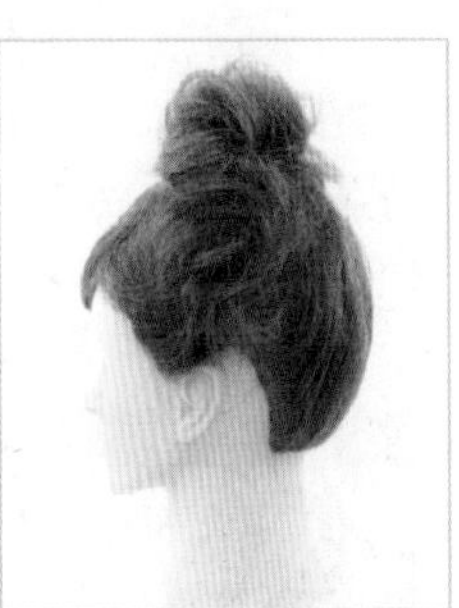

学习要点

□会进行发束的折返操作

折返通常用于侧发区的设计，是将发束折回并固定的操作。

□会对发束进行平固

平固是在扭转发束发生浮动的情况下对发束进行固定，使发束保持平坦的方法。使用U型夹的情况较多，主要用于基本的聚会盘发和整理鬓角。

□掌握向前螺旋卷的整理方法

在本章中，要学习将一股辫的发束分成两部分，制作向前的螺旋卷的方法。以一种技术为基础，能够做出具有多种变化的设计，以便扩大发型应用的范围。

4.2 制作左侧发区的折返

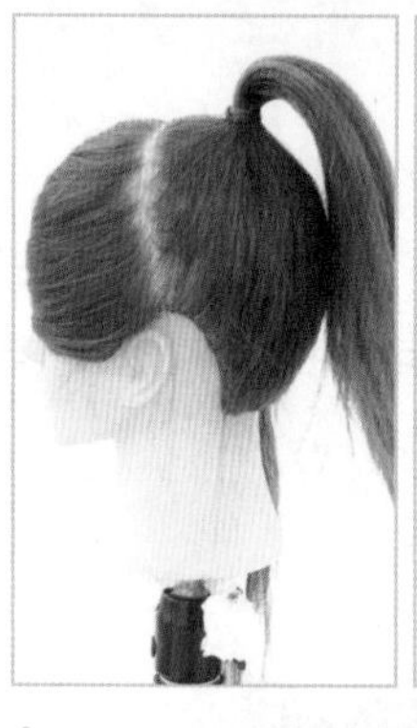
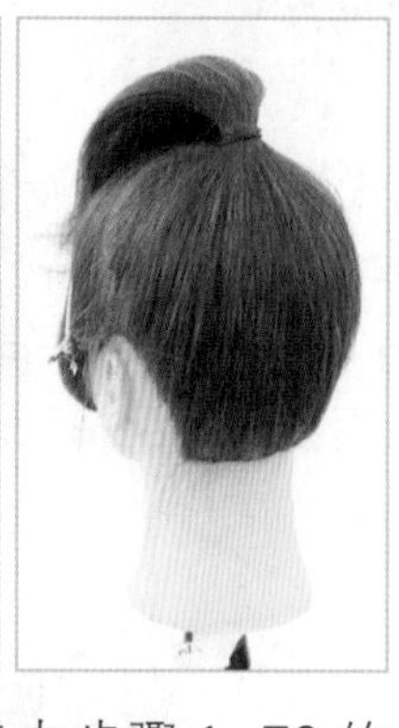

1. 按照第 2 章中步骤 1~70 的顺序，将发根的位置设定在头顶黄金点上，在后脑区制作一股辫。

2. 用尖尾梳梳理左侧发区的发束，以 45 度角向斜下方梳理（※1）。

3. 以一股辫橡皮筋位置和左耳上方连线为参考，将尖尾梳的尾部紧贴发束。这时梳子的末端从发束上浮起来也没关系，靠近耳朵部分的发束要与梳子紧紧贴住。

4. 保持住尖尾梳尾部与头发紧贴的状态，同时靠近耳朵部分的位置要施加力度固定住，然后抬高右手将发束折回。

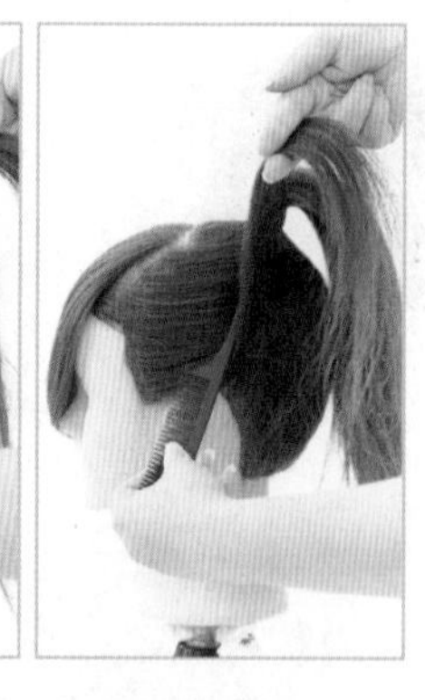

5. 右手拿住发束保持稳固，左手慢慢将尖尾梳抽出。要沿原有的固定轨迹，保持紧贴头发的状态抽出。

6. 抽出尖尾梳后的状态。

※1 拿头发的手势

1. 用食指和中指夹住发束。

2. 发梢侧用无名指和小指握住，这个细节很重要。

3. 用这种方法拿发束能保持发束的稳定。

不握住发梢侧，只用食指和中指夹着的话，在折回发束的时候，垂下的发梢会成为障碍。

7. 将左手的中指紧贴在鬓角的末端。

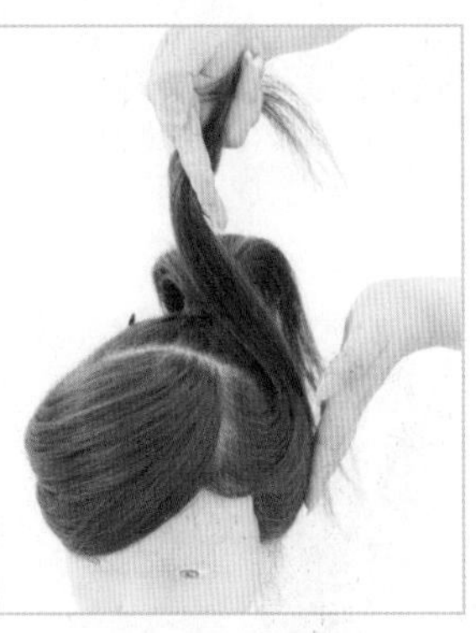

8. 将折回的发束用左手的中指贴住。

9. 用左手手掌将折返的发束牢牢地按住。

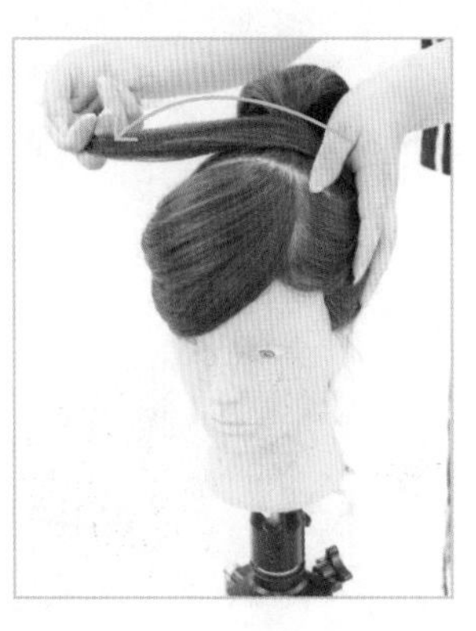

10. 左手按住发束折返的位置不动，右手将发束带向右侧发区。

11. 用鸭嘴夹辅助固定折返的发束，在一股辫的发根附近使用U型夹固定发束，要从后脑区向前额区的方向平着插入夹子（※2）。

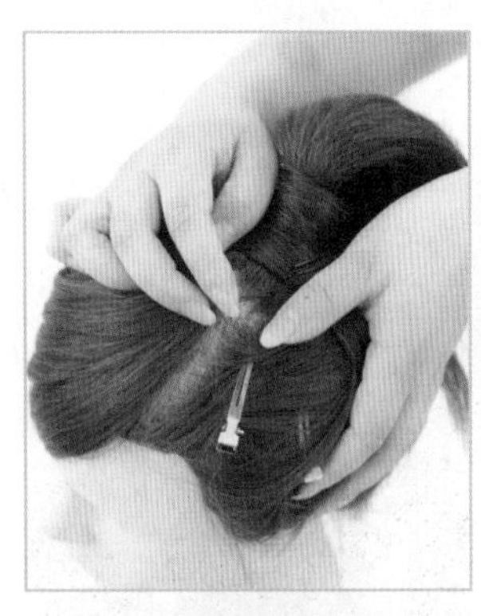

12. 将鸭嘴夹换成稍小的单叉夹，然后在步骤11的U型夹旁边从相反一侧也插上U型夹，加强固定效果。

13. 取下单叉夹，保留U型夹的状态。

14. 左侧发区的折返就形成了。

※2 夹子的固定方法：平固

主要用于保持头发表面平整的固定方法。根据固定的发量不同，使用夹子的数量也不同。

1. 将发束平展并贴在头皮的发根上，然后从侧面插入夹子。

2. 继续将夹子推进去。

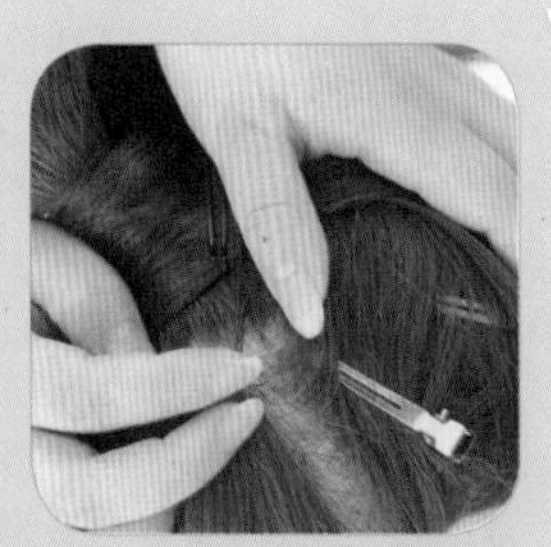

3. 根据固定的发量多少，也可以从相反侧插入夹子，以便更加牢固。

4.3 制作右侧发区的折返

15. 右侧发区也和左侧发区一样，先用尖尾梳梳理发束并提拉到斜下方，将尖尾梳紧贴一股辫橡皮筋位置和右耳上方的连线。

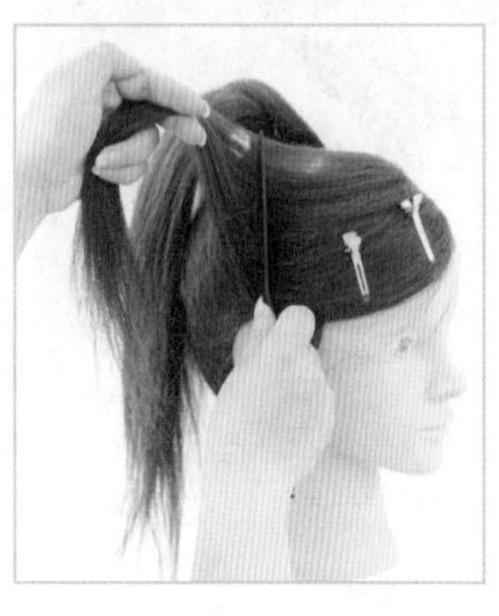

16. 保持尖尾梳的位置不变，在靠近耳朵一侧的梳子端施加张力，将发束拿起并折回。

17. 保持拿发束的手的位置不变，抽出梳子的尾部。

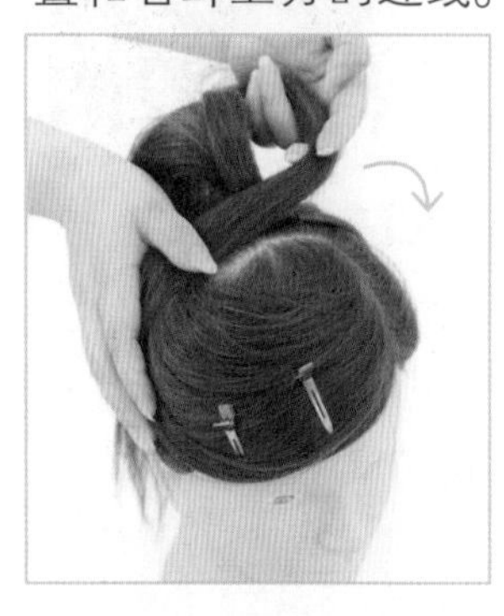

18. 为了使折回的发束不移动，用整个右手按住发束，左手将发束带向右侧发区（※3）。

19. 为了使发束保持平整，在一股辫的发根附近插上U型夹，同样是两侧都要插入。

20. 插上U型夹的状态。

21. 右侧发区的折返就形成了。

※3 压住折返发束的手的动作

在右侧发区压住折返发束的顺序是，和左侧发区一样，以指尖→整根手指→手掌的顺序，慢慢地压住全部折返发束。

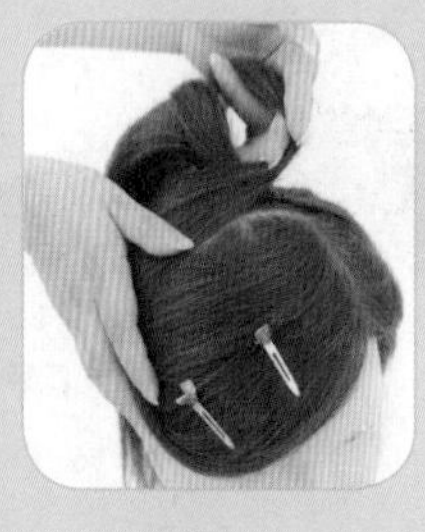

指尖

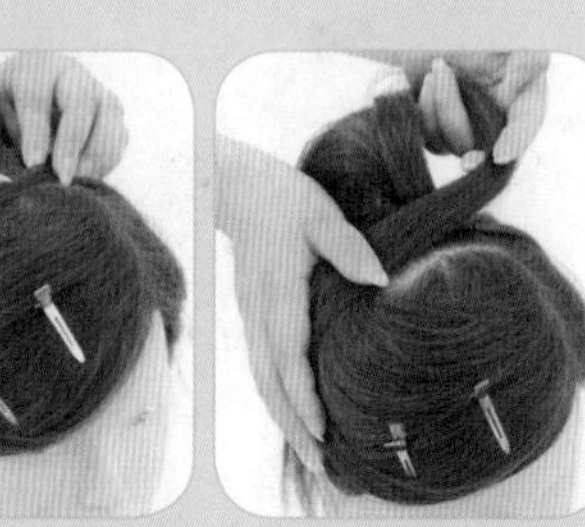

整根手指

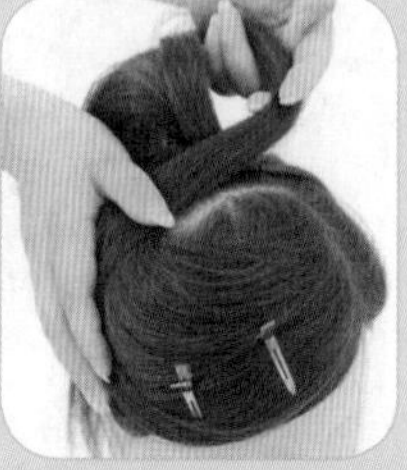

手掌

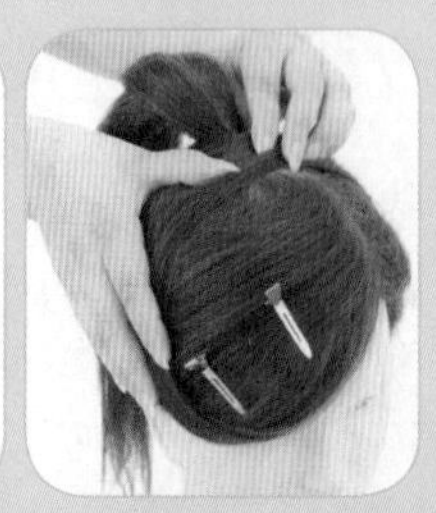

将发尾带向相反侧发区

4.4 制作左侧发区环形发束

22.在两个侧发区制作的折返发束的发尾,左右各一根。

23.取左侧发区制作的折返发束的发尾。

24. 在一股辫橡皮筋稍微靠近前额区一侧的位置，放上不拿发束的右手手指。

25. 将发束以图示的方向缠绕到手指上。

26. 以同样的方向继续缠绕，直到发梢为止。

27. 用拇指按住发梢，将发束缠绕成环状并保持住。

28. 向下翻转手腕并将缠绕发束的手指竖起来，动作的过程中要按住发束，避免松散。

29. 用左手按住圆环状的发束并抽出缠绕发束的右手手指。

30. 将圆环状的发束放平，用手指固定住。

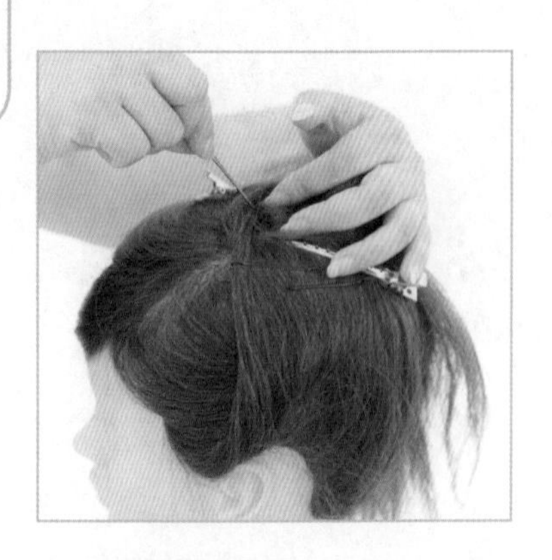

31. 在用手指固定的地方插入 U 型夹。

32. 将在左侧发区制作的折返发束尾端缠绕成圆环状，并用 U 型夹固定。

4.5 制作右侧发区环形发束

33. 取右侧发区中制作了折返发束的发尾。

34. 与左侧发区相同，将发束缠绕到手指上。

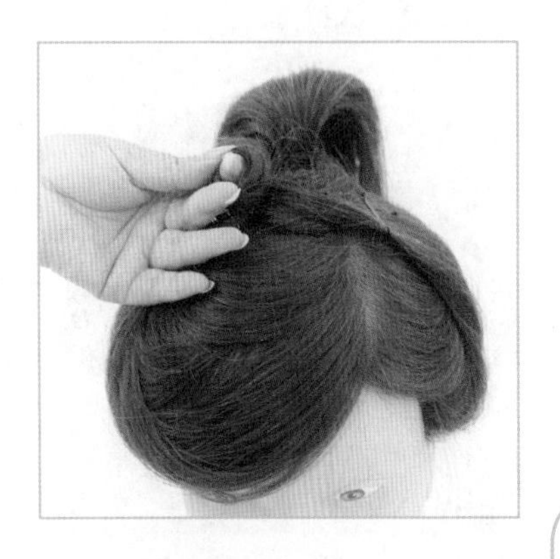

35. 缠到发梢为止，将发束绕成圆环状。

36. 抽出缠绕发束的手指并将发束放平、固定住，注意要与之前在左侧发区制作的圆环位置稍微错开一些。

37. 在用手指固定的地方插入 U 型夹。

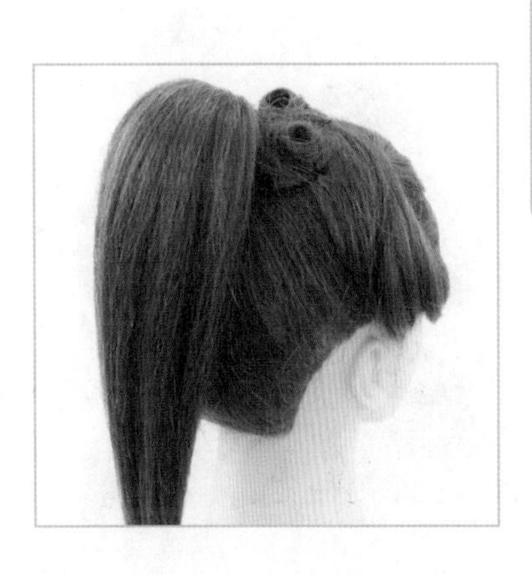

38. U 型夹固定后的状态。

4.6 制作两侧向前的螺旋卷

39. 将步骤1中扎起的一股辫发束均等地分成两部分。

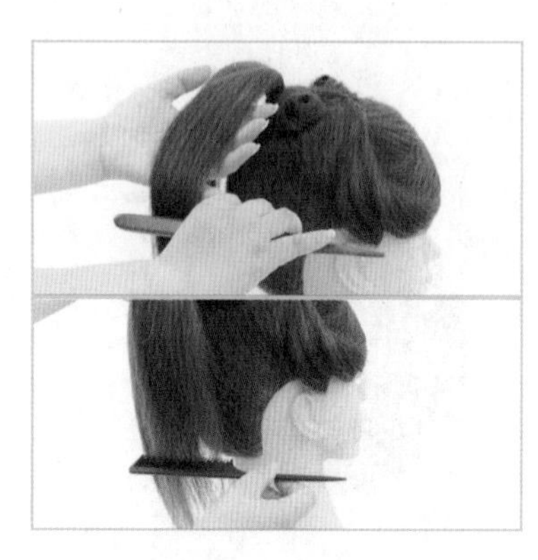

40. 取在步骤39中分成两等份的发束中右侧的一束，用涂抹定型剂的S形包发梳梳理，之后再使用尖尾梳充分地梳理。

41. 左手拿住发束，向下翻转手腕，使发束缠绕在左手的中指和食指上，并将发束在一股辫橡皮筋的右侧按住。

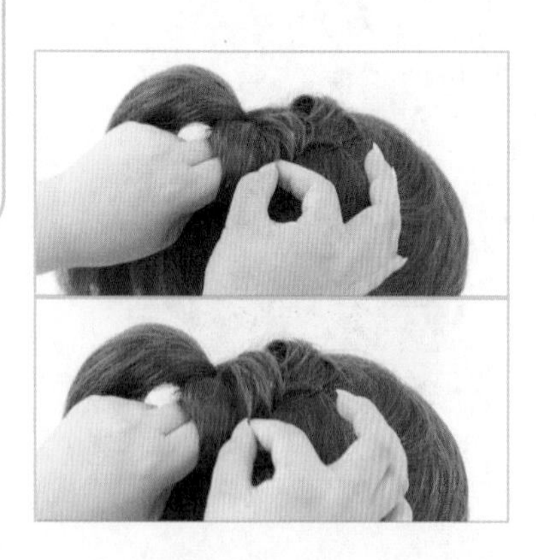

42. 从前到后将细小的发束拉出，注意要错开发束的拉出位置、方向和大小。

43. 继续拉出发束，直到缠绕发束的手指指根附近为止，然后用U型夹将发束固定在发根上。

44. 将固定后余下的发尾用尖尾梳认真地梳理。

45. 左手拿住发束的发尾，向下翻转手腕，使发束缠绕在左手的食指上并按住。

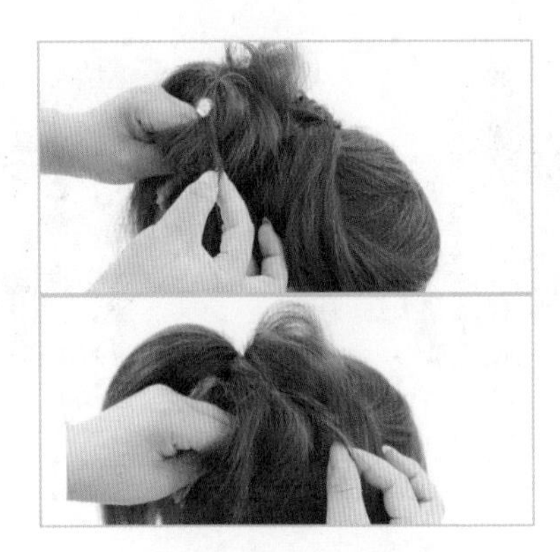

46. 与步骤 42 相同，用右手指尖拉出细小发束，注意错开发束拉出的位置。

47. 将发束拉出到发梢附近为止，再用 U 型夹固定住。之后将拉出的发束进一步前后错开，以调整平衡。

48. 左侧的发束也是同样，用涂抹定型剂的 S 形包发梳梳理到发梢后，再用尖尾梳充分地梳理。

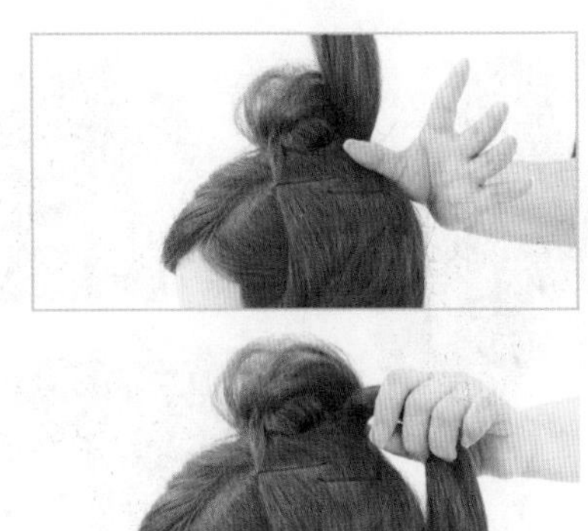

49. 右手向上提起发束，左手拇指如图所示放置在发根处，而后放下发束，置于左手拇指和食指之间(※4)。

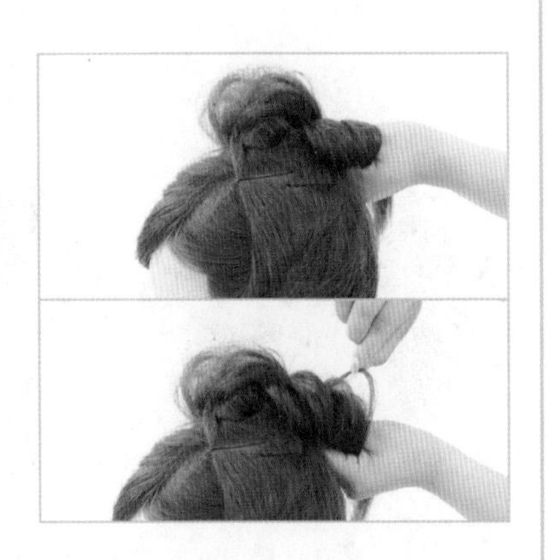

50. 向上翻转手腕，使发束缠绕在左手拇指上，然后从前到后将细小的发束拉出，注意要错开发束的拉出位置、方向和大小。

※4 缠绕发束的手法

文中对将发束缠绕在左手拇指上并拉出细小发束的方法进行了解说，但是如果习惯于将发束缠绕在食指上也是可以的。

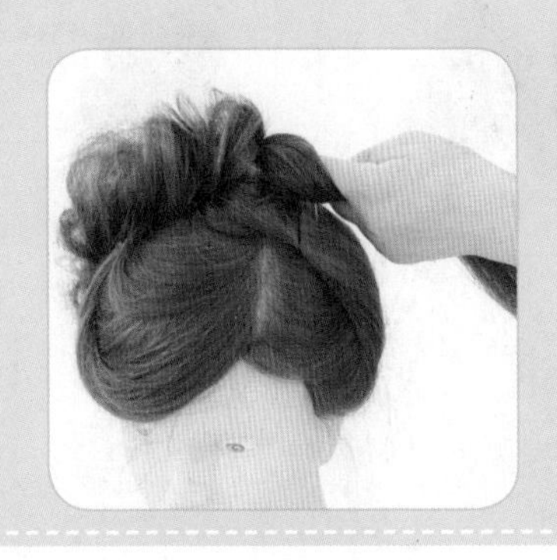

51. 拉出发束后，抽出左手拇指，然后用U型夹固定住。

52. 将固定后余下的发尾部分用尖尾梳认真地梳理。

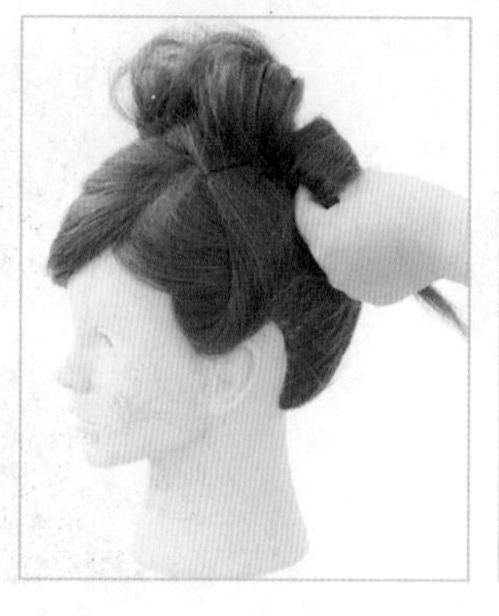

53. 使用与步骤50同样的方法将发尾缠绕在左手拇指上并按住。

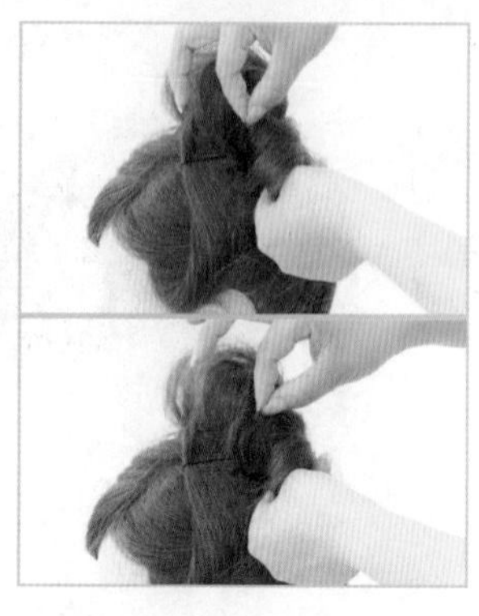

54. 右手拉出细小发束。一边看整体是否平衡，一边错开位置拉出发束。

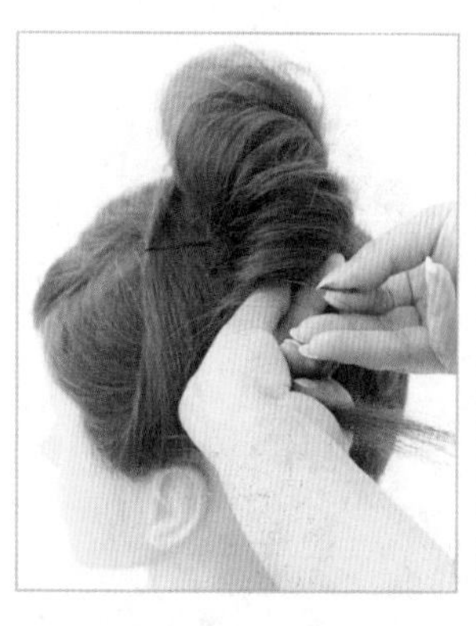

55. 将发束拉出到发梢附近后，用U型夹固定住。

56. 将拉出的发束进一步前后错开以调整平衡。

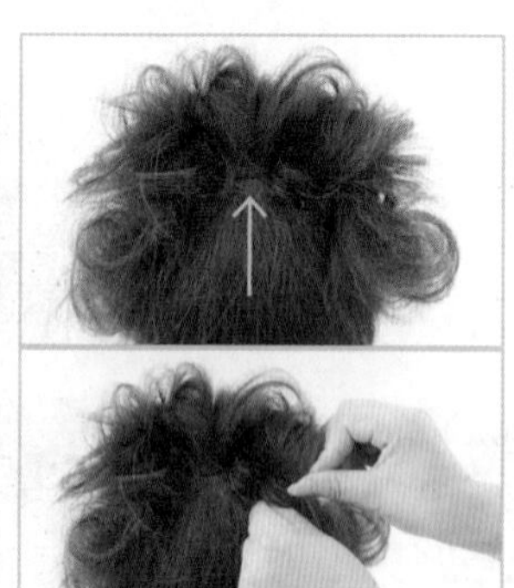

57. 从后面能看到扎一股辫的橡皮筋，用指尖捏住发根附近的发束，拉到相反侧发区，盖住橡皮筋并用U型夹固定住。

58. 调整整体的卷的平衡（※5）。

※5 调整卷的平衡

不光从正面看，后脑区、侧发区也要边看边确认平衡并进行调整。

有必要的话，用U型夹将发梢固定住。

头顶区

侧发区

后脑区

4.7 完成效果

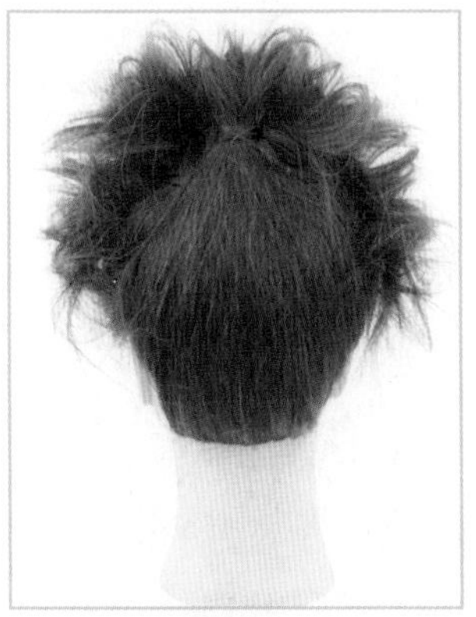

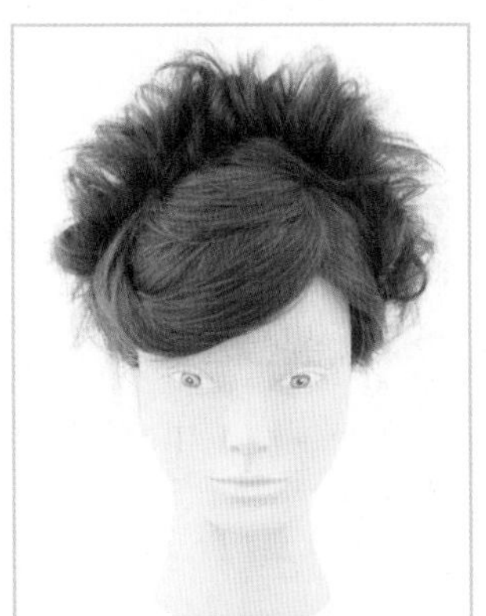

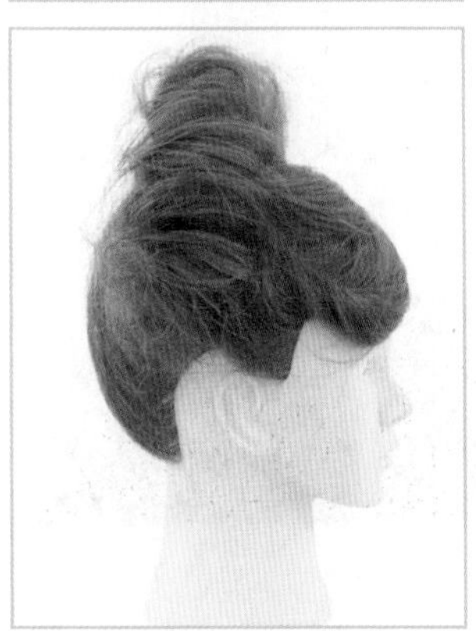

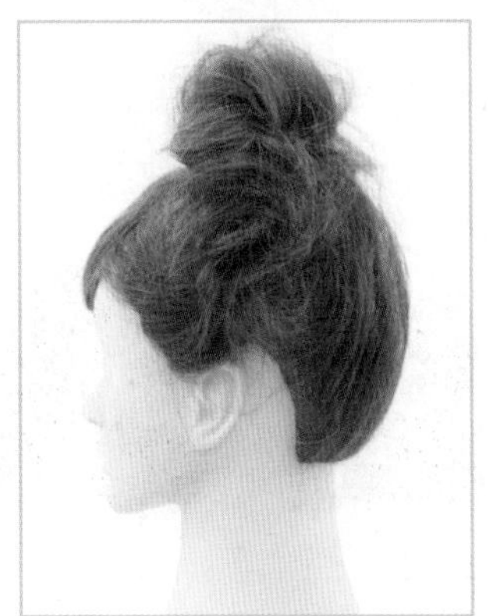

复习吧

能够重新来一次吗?

从鬓角开始对发束的多次梳理是关键。用尖尾梳的尾部形成折返线并保持住，折返后要用手按住，注意不要反复进行折返，那样会使得原来的发束被打乱。

掌握正确的手法了吗?

握住发束的时候，以及为了使折返的发束固定而用手按住的时候，如何移动手是关键。为了完成漂亮的发型，留心用正确的手法操作吧。

4.8 复习用夹子固定的方法

最后复习在本章中学到的用夹子固定的方法吧。

外固

将扭转后的发束固定在发根上时使用。为了使扭过的发束不松弛，用一根U型夹牢牢地固定住。

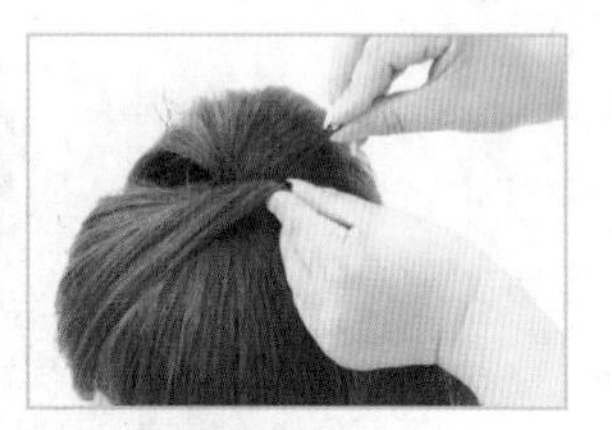

将扭过的发束用左手握住并固定在发根处，右手拿起U型夹并打开。

将发束从上向下扭的时候

从上向下扭，因为要将下面与发根固定在一起，所以要从下边插入U型夹。

将发束从下向上扭的时候

从下向上扭，因为要将上面与发根固定在一起，所以要从上边插入U型夹。

内固

使用U型夹将旋转成圆环状的发束固定在发根上时使用。

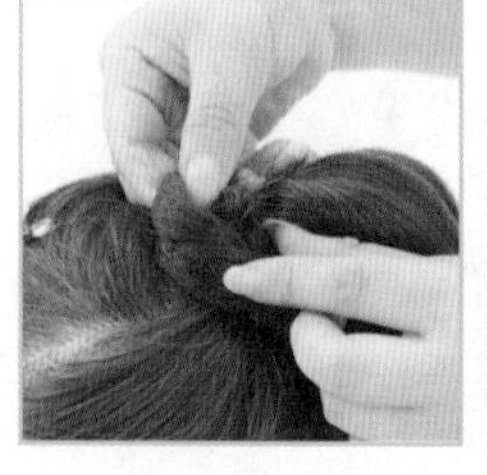

1. 用手指按住想要固定的部分。

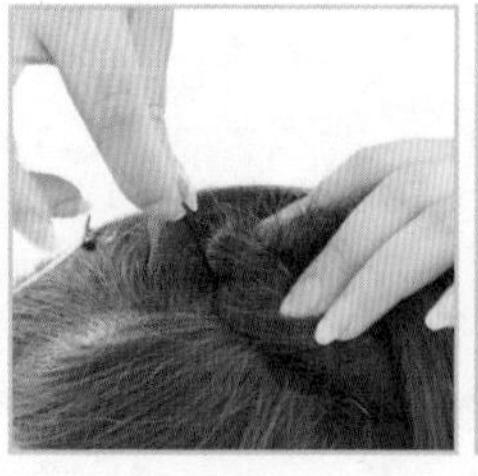

2. 从上边竖直插入U型夹。

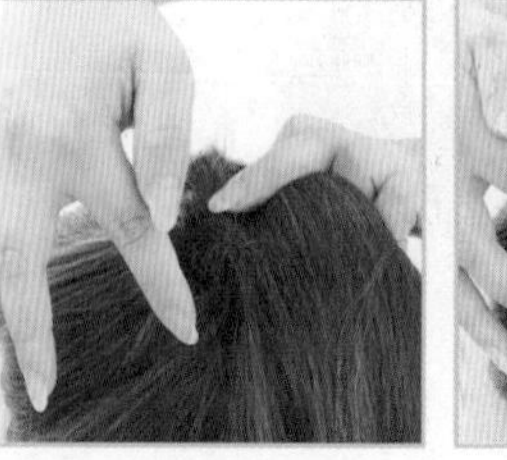

3. 将U型夹向正侧面放平。

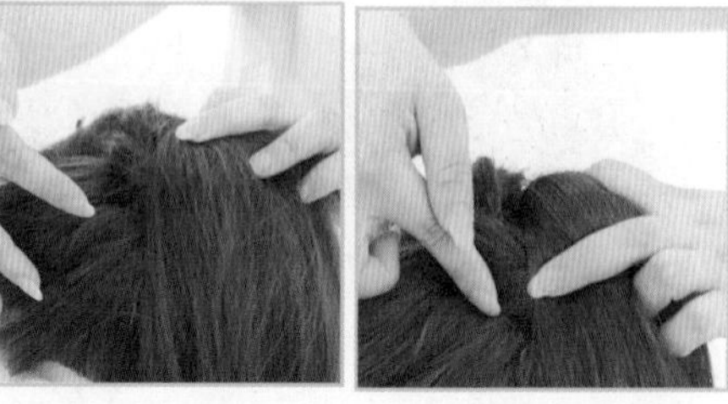

4. 保持U型夹放平的状态并插入发束内侧。

5. 将U型夹按进发束内，直到看不到为止。

平固

想将发束整理成平整服帖的状态时使用。需要固定的发量较多的时候，可以使用两根或多根U型夹固定。

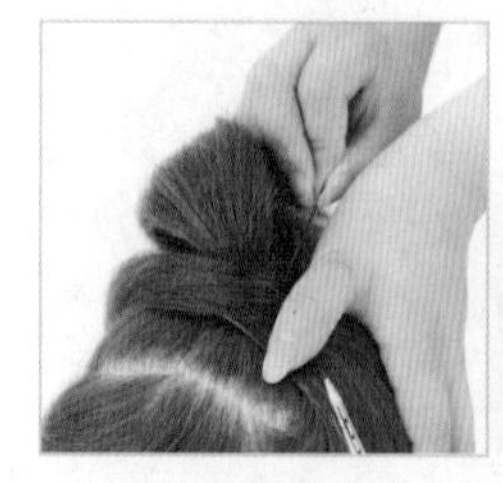

1. 将发束放平整后，用左手拇指按住，右手将U型夹拿起并打开。

2. 将U型夹以与左手拇指平行的方向插入，将发束固定到发根上。

3. 继续推进U型夹，直到底部。

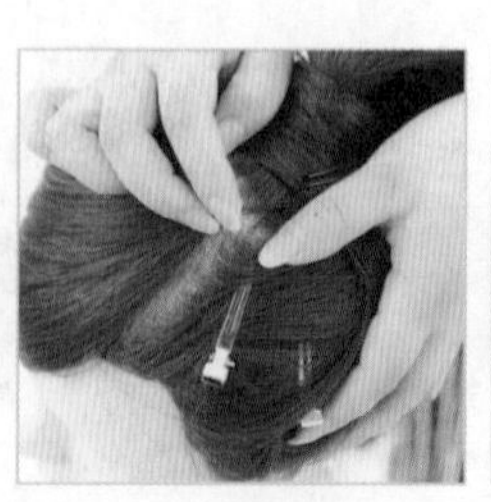

4. 用U型夹固定较多发量的时候，可以从另一侧也插入夹子固定。

5. 完成平固的状态。

第5章 扭转一股辫+螺旋卷

在本章中，会讲解扎起头顶一股辫后，将余下的后脑区发束向上扭转并与头顶一股辫扎在一起的“扭转一股辫”发型。除了说明如何扭转侧发区以及在头顶区制作螺旋卷的发型之外，也将介绍改变扭转位置后的发型，以及变化后螺旋卷也随之改变的结果。

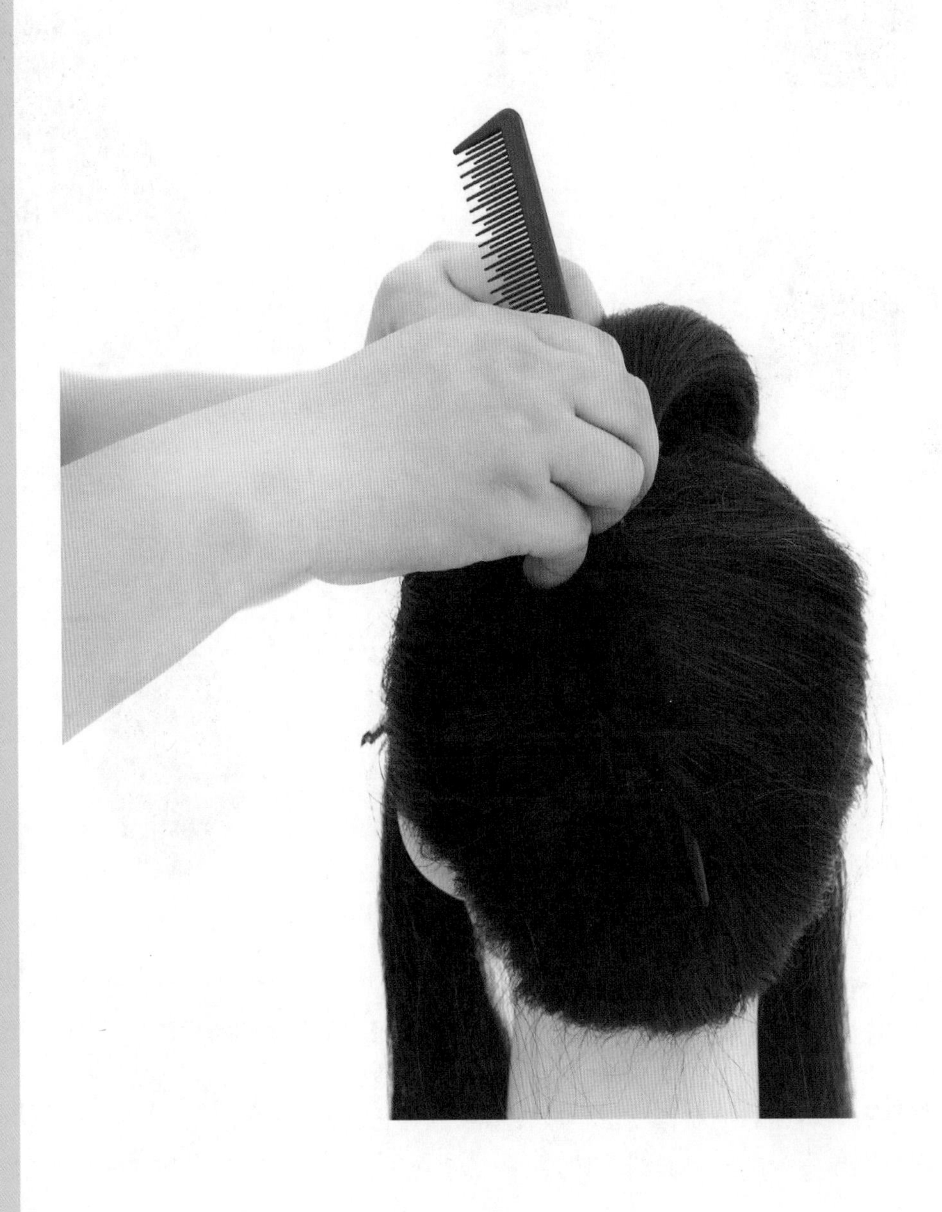

5.1 造型介绍

制作发型的流程

在后脑区扎起头顶的一股辫，而后将余下的后脑区发束向上扭转并与头顶的一股辫扎在一起。进一步扭转完侧发区后，将头顶的扭转一股辫发束制做成螺旋卷。

①制作头顶的一股辫。

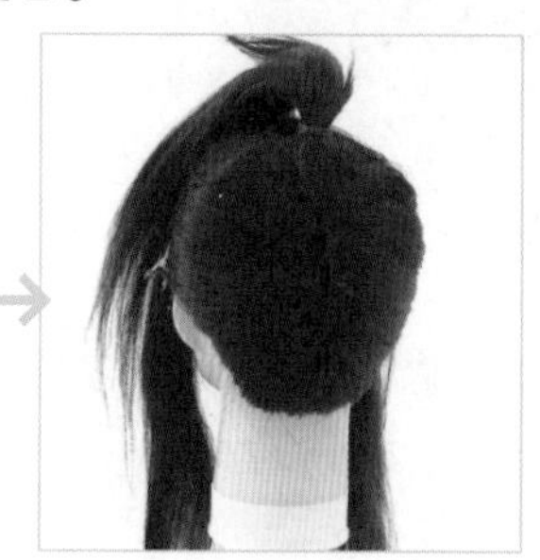

②将下方发束向上扭转并与之前的一股辫扎在一起。

③扭转左右的侧发区发束。

④在集中成一股辫的发束上制作螺旋卷。

学习要点

□掌握扭转一股辫的制作方法

将发束向上扭转并扎成“扭转一股辫”的发型，扭转的状态本身就成为设计的亮点。试着制作不会松散的、美丽的“扭转一股辫”吧。

□学会扭转发束的方法

扭转发束是将梳理后成板状的发束扭转成筒状的方法，掌握在头发表面增添细节的扭转发束技术。

□能够制作发束的螺旋卷

从扭转过的发束中进一步拉出细小的发束，做成螺旋状，使卷的方向性较为分散，形成随意的动态。掌握各种各样的卷的制作方法，以便能够配合最终的设计效果来完成不同类型的卷。

扭转一股辫 + 螺旋卷

扭转一股辫，是制作了一股辫的基础后，将基础的外侧的发束往上扭转，集中在一股辫的根部的发型。螺旋卷，扭转发梢，拉出成螺旋状，边散开卷的方向边用夹子去固定，形成比螺旋形曲线卷更随意的印象。学习除了这两个要素之外，在侧发区加上了“扭转”的发型的制作方法吧。

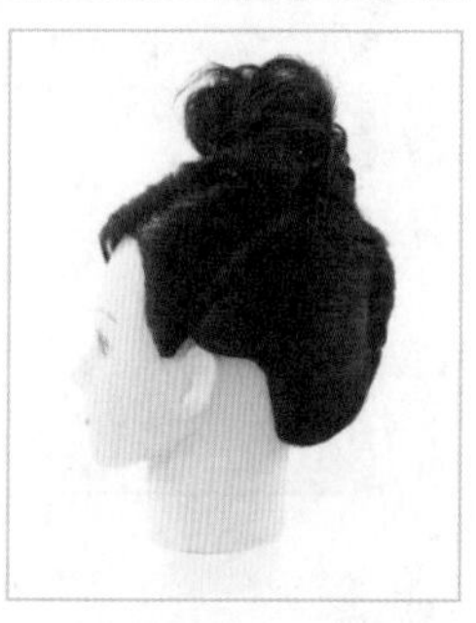

打开手机，扫一扫二维码，即可观看高清视频。

5.2 扎一股辫

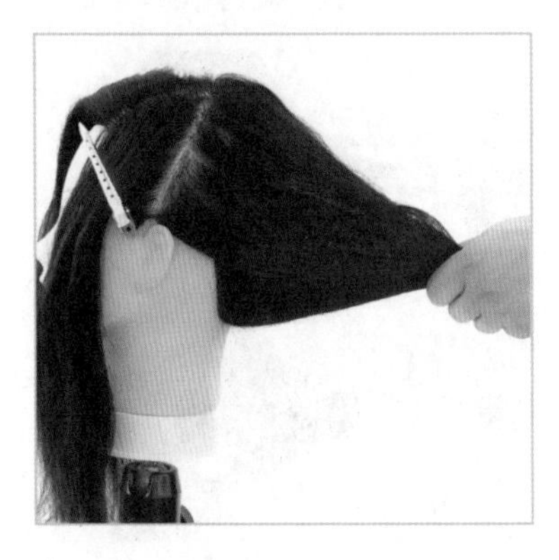

1. 以耳朵前上方和头顶黄金点的连线为界将头发前后分开。在前额区以左侧黑眼珠向上的延长线为界将头发左右分区。

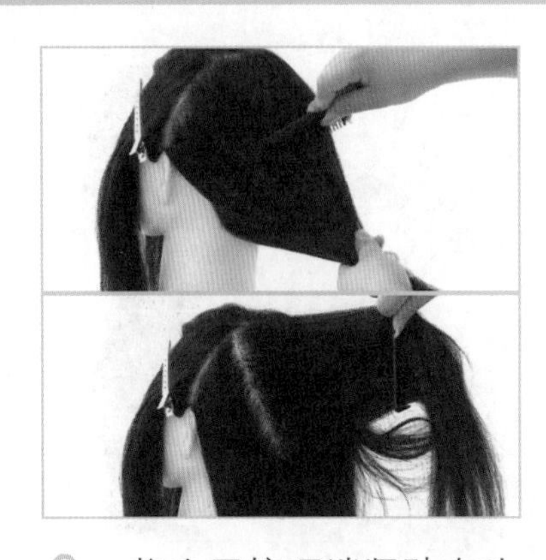

2. 将尖尾梳顶端紧贴在头顶中心偏左 2~3 厘米的位置，向后脑区左侧面画曲线来分区，到正中线为止，曲线最低点最好距离后颈发际线约 3~4 厘米。

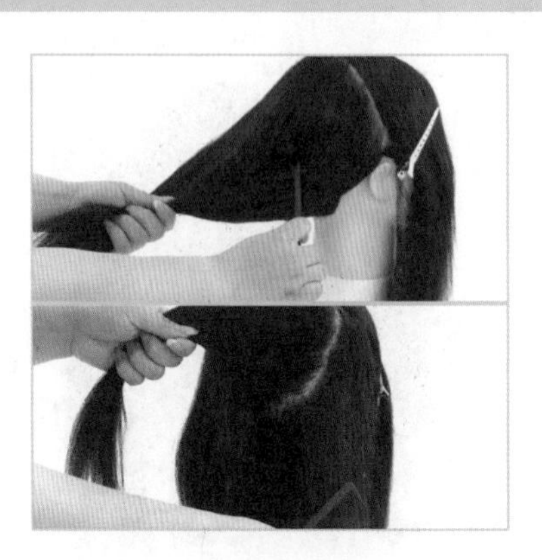

3. 右侧发区也同样，使用尖尾梳画曲线给头发分区。

4. 分出来的发束将扎成一股辫，扎起之前先使用 S 形包发梳进行梳理，要将发束抬到较高的位置来梳理。

5. 用左手握住发束的发根，将发束固定在头顶的黄金点上，右手拿橡皮筋扎住。

6. 头顶的一股辫形成后的状态（※1）。

※1 分区的形状

根据制作的发型不同，分区的形状也会发生变化。配合不同分区形状处理余下的发束，更容易提升发型整体的完成度。

折线的分区

制作扭转一股辫等会将后颈发际明显提高的发型时，在头顶一股辫的分区最低点加上折线转角比较好，那样的话，能够更多地将头发集中在头顶一股辫上，处理后颈发际时不会有障碍，能够被紧紧地向上扭转。

圆形的分区

第 2 章、第 3 章中的头顶一股辫，制作了底部为圆形的分区。在后脑区制作有弧度的后梳发型时，圆形的分区更为方便漂亮。

5.3 梳理后脑区

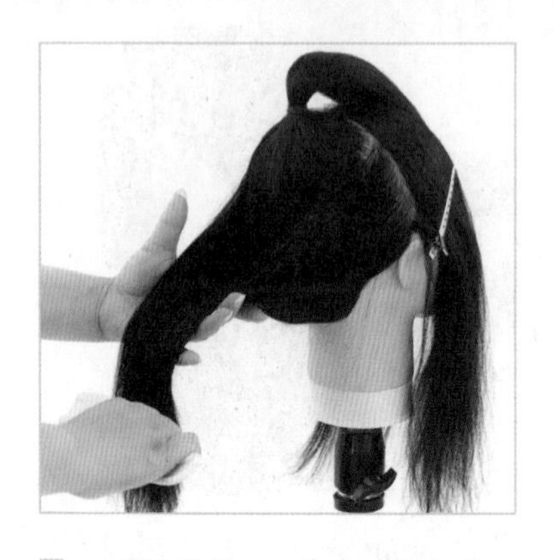

7. 将后脑区余下的头发集中在较低的位置。在发束的中间从上方插入 S 形包发梳，只向下梳理发束下方的部分。

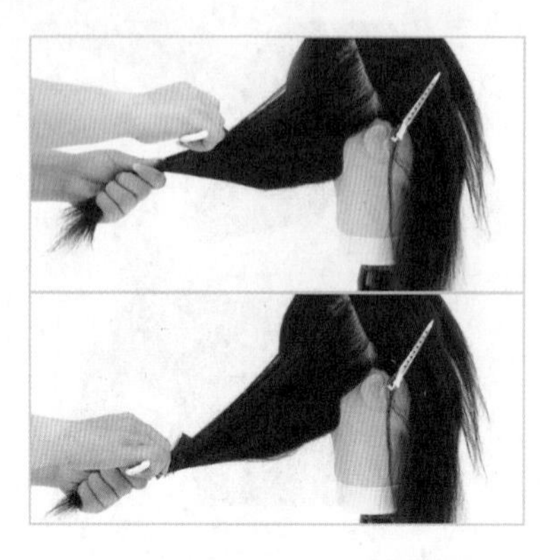

8. 将发束稍稍往上提的同时，继续使用 S 形包发梳梳理发束，直到发梢。

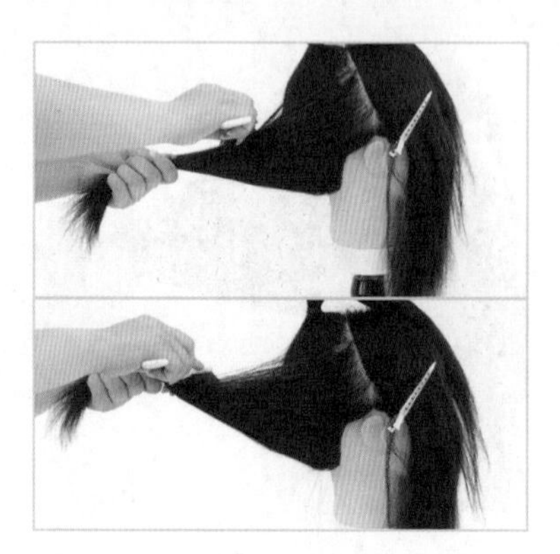

9. 在发束的中间从上方插入 S 形包发梳，将发束向上提拉到与之前一股辫的橡皮筋等高的位置，梳理到发梢（※2、※3）。

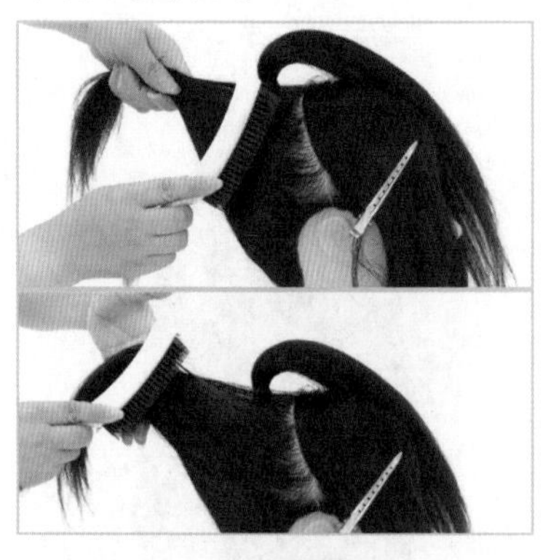

10. 在发束的右侧从上方插入 S 形包发梳，将发束抬高到斜上方，梳理到发梢。

11. 使用涂抹了定型剂的包发梳继续梳理发束，保持发束向上提拉的状态。

12. 之后，使用尖尾梳进一步梳理，将发束表面的走向整理得好看些。

※2 向上提拉发束的高度

最初制作头顶一股辫之后，对余下的后脑区发束也向上提拉、扎成一股辫的时候（如第 2 章、第 3 章），需要将后脑区的发束向上提拉到较高的位置。在本章中要将后脑区发束向上扭转的发型中，发束的提拉高度略低，以一股辫橡皮筋的高度作为大致目标即可，发束的走向为从正侧面稍稍向斜上的方向。

制作扭转一股辫的情况。

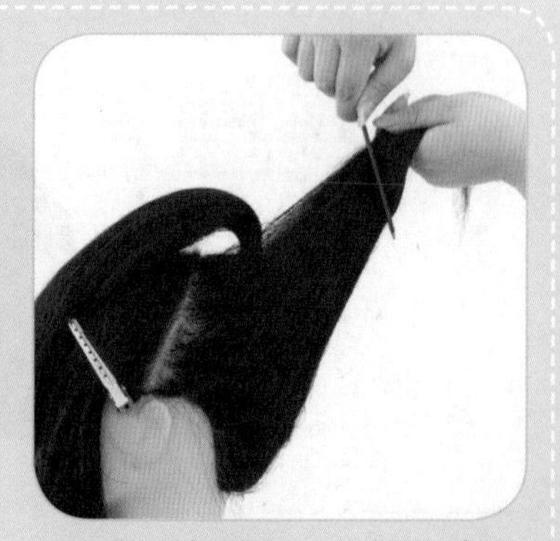

制作无扭转的一股辫的情况。

5.4 扭转后脑区发束

13. 在后脑区发束靠近发根的位置上贴上尖尾梳的尾部，将后脑区侧面的发束紧贴在梳子上（※4）。

14. 拿尖尾梳的手保持不动，用左手的拇指和食指牢牢握住后脑区的发束，边将发束缠绕在梳子的尾部，边往上提拉扭转。

15. 用拿发束的左手拇指和食指在后脑区发束上施加张力，将发束充分地向上提拉扭转。

站立的位置在头部的正后方。

往上扭转发束的同时，身体也向左侧发区移动。

身体继续向左侧发区移动。身体移动时，拿尖尾梳的手的位置不能移动，这样才能充分地将发束往上提拉扭转。

※3 后脑区的梳法

梳理后脑区时，首先用S形包发梳将发束在要求的位置往上梳，然后依次使用S形包发梳、包发梳、尖尾梳认真地梳理，整理表面。

※4 握住发束的位置

向上扭转发束的时候，在头顶分区线侧面中间的位置水平放置尖尾梳，在距离发根一把梳子长度的位置握住发束。

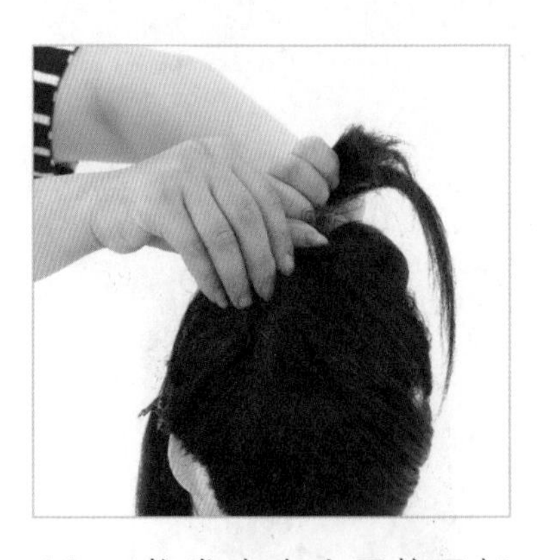

16. 将发束在尖尾梳尾部缠绕一周的状态。

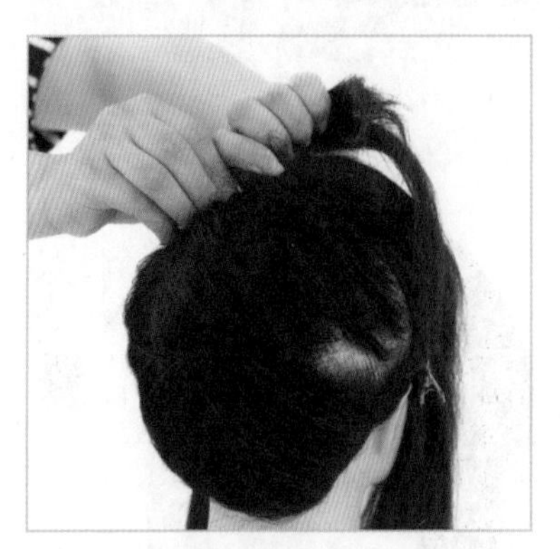

17. 将向上提拉扭转的发束慢慢地靠近头顶一股辫的发根。

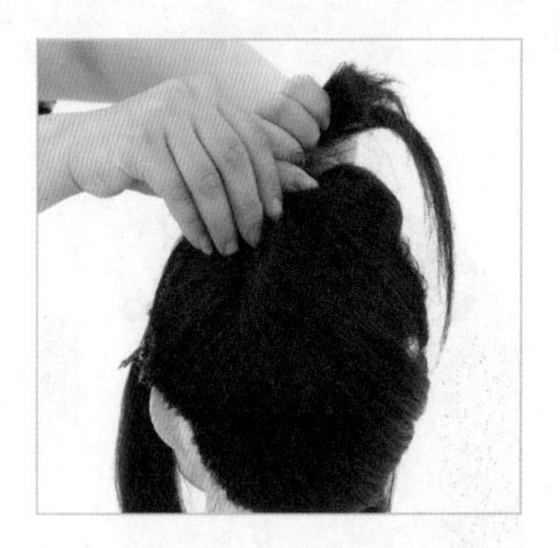

18. 握住发束的左手食指慢慢地抽出，同时变为按住扭转发束，保持其往上扭转的状态并固定在一股辫发根处（※5）。

身体的位置移动到左侧发区，移动过程中身体角度也一点一点地转动。

站立的位置以左侧发区的耳朵附近为大致基准。

站立的位置和步骤 17 相同。

※5 将发束向上扭转时的注意点

竖直且固定地使用尖尾梳，才能扭转出符合要求的发型。

尖尾梳过于倾斜或没有固定，随着扭转发束转动的话，所形成的扭转方向、位置和角度都会发生偏移，且发束左下方会松散。

19. 将尖尾梳的尾部慢慢地抽出。

20. 抽出尖尾梳之后，也要保持左手食指指尖按住发束的状态，使扭转不松弛。

21. 将向上扭转的发束表面用右手按住。

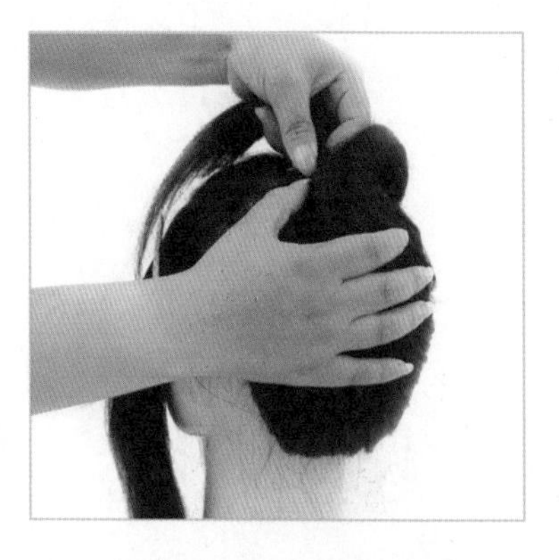

22. 用右手拇指代替左手食指按住扭转发束和一股辫的发根，左手食指和拇指放开并恢复握住发束的姿势。

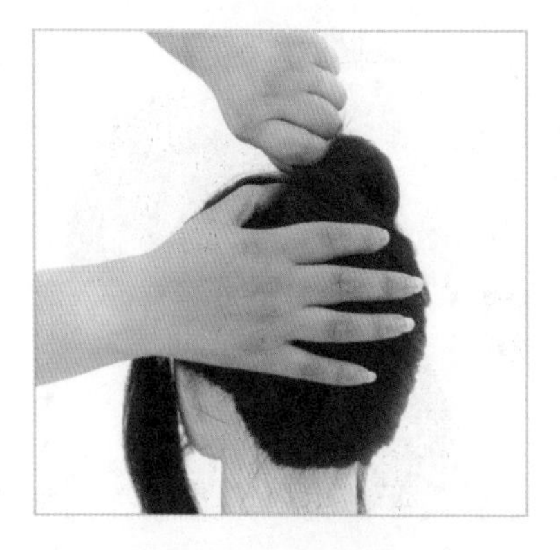

23. 左手将发束进一步扭转进去。

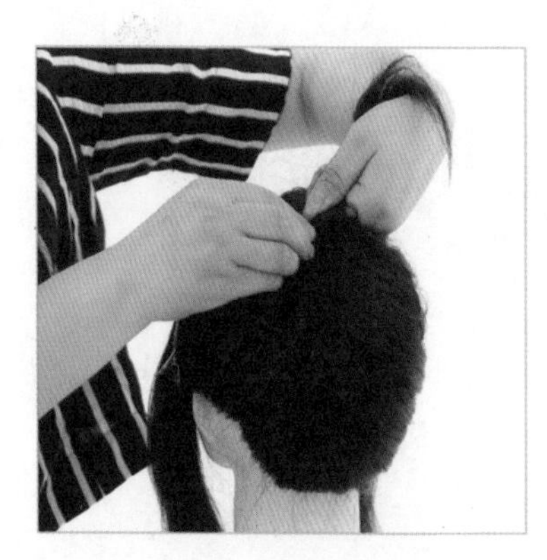

24. 用右手拇指和食指捏住扭转进去的发束并固定在一股辫的发根处。

将发束过于向上提起导致扭转位置过高的话，后颈发际线即使没有松弛，也只能在上半部分形成扭转。

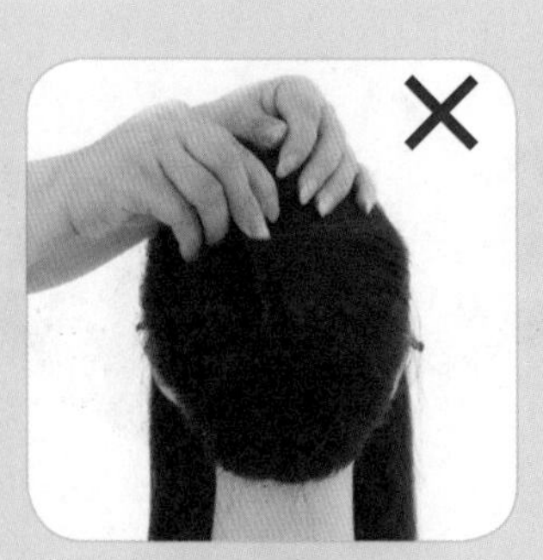

扭转的位置过低的话，和一股辫的发根距离会较远，之后就无法将两者集中扎成一股辫了。

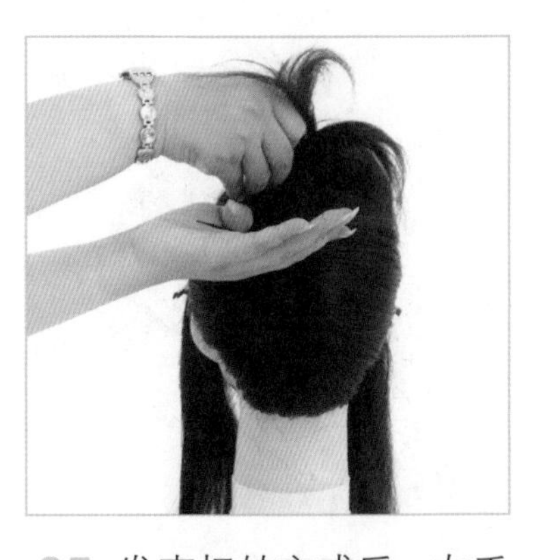

25. 发束扭转完成后，左手平放，用食指的侧面按住扭转发束并固定在一股辫的橡皮筋处。

26. 将向上扭转后余下的发尾用左手握住，过程中要保持食指按住发束的状态。

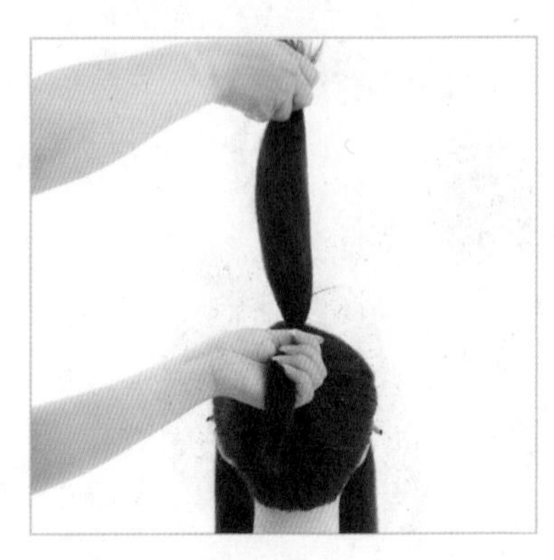

27. 将之前制作的头顶一股辫用右手拿起。

28. 将向上扭转的发束和头顶一股辫合在一起。

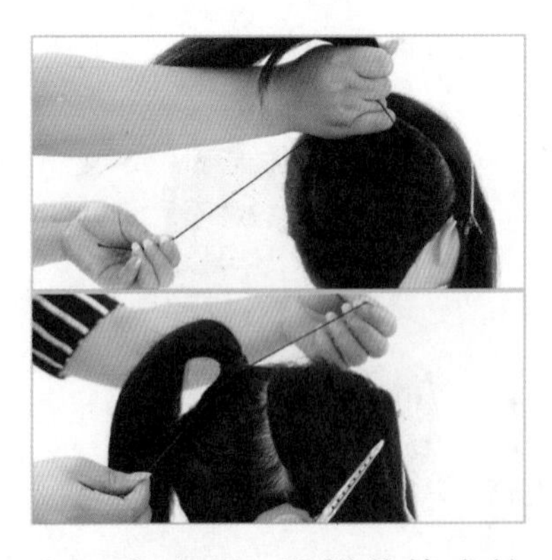

29. 在头顶一股辫扎橡皮筋的位置，再次用橡皮筋将两股发束扎在一起。

30. 在后脑区形成“扭转一股辫”的状态。

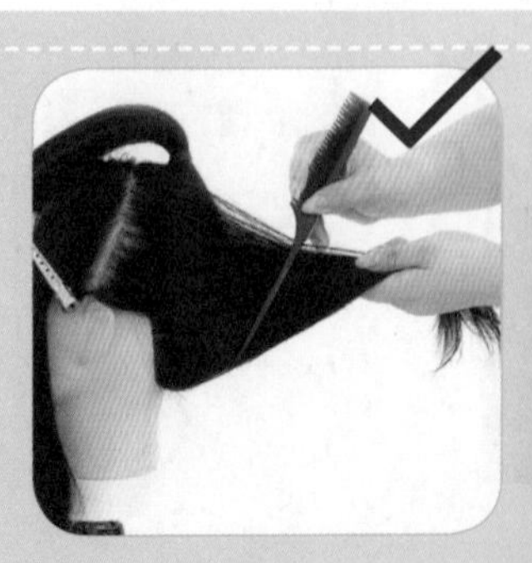

手心向下握住发束的话，之后的扭转动作将很难操作。手心向上握住发束的话，可以很方便地在梳子上缠绕并向上扭转。

5.5 扭转左侧发区

31. 取左侧发区的发束，用涂抹定型剂的包发梳梳理发束的表面和里侧，使得头发能够紧贴头皮，发际线处不要有飘起来的发丝。

32. 换成尖尾梳，进一步对发束进行梳理。

33. 将发束集中在左手食指和中指之间，向斜后下方拉出。

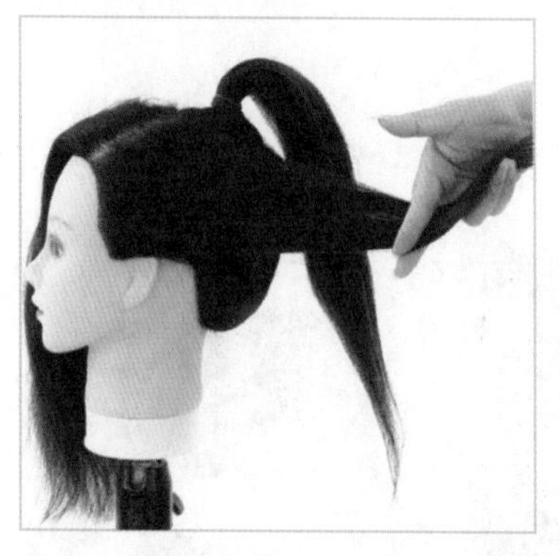

34. 将发束拿回到右手，用右手食指和中指夹住。发梢一侧用右手无名指和小指按住，固定在掌心。

35. 扭转左侧发区的时候，将尖尾梳拿在左手上，以一股辫橡皮筋位置和左耳上方连线为参考，将梳子的尾部紧贴在发束上（※6）。

36. 保持住尖尾梳尾部与头发紧贴的状态，同时在靠近耳朵的位置要施加力度固定住，抬高右手，将发束折回到正上方。

※6 拿梳子的手和梳子尾端的距离

拿梳子的手和梳子尾端距离大约10厘米比较容易做出发束的扭转。

37. 右手拿住发束不动，以中指为圆心，向下翻转手腕，将发束缠绕在中指上。

38. 右手食指和中指弯曲，与拇指一起捏住发束。保持尖尾梳的位置不变，顺时针旋转发束，将其扭转至梳子固定的地方。

39. 将扭转后的发束稍稍拉向后方并固定在尖尾梳所做出的参考线上，而后将梳子完全抽出。

40. 左侧发区扭转后的状态。

41. 保持扭转发束的状态不变，在一股辫的橡皮筋附近，将被扭转的发束用左手按住。

42. 按住发束后，右手后移，以与步骤 38 同样的方式拿住发尾并进行顺时针扭转。

43. 将扭转后的发束向右侧发区带过去，在一股辫橡皮筋的下方用 U 型夹外固。

44. 对步骤 43 中外固后余下的发梢部分进行进一步的处理，在一股辫橡皮筋右侧，在发束下方放上左手食指。

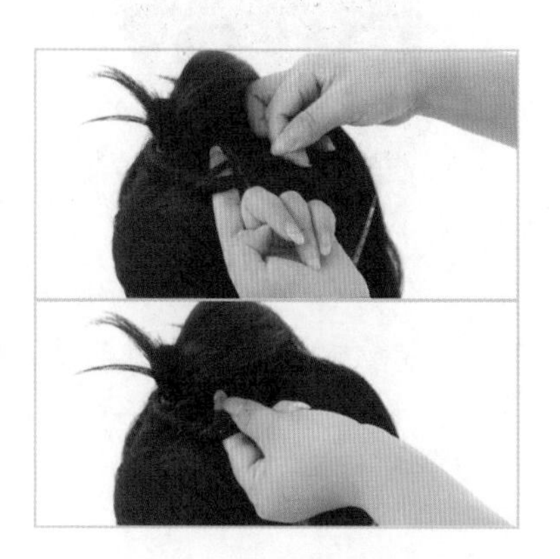

45. 用右手将发束缠绕在左手食指上，直到发梢为止。

46. 在一股辫的右侧，将做成圆环状的发梢放平按住，并用 U 型夹内固。

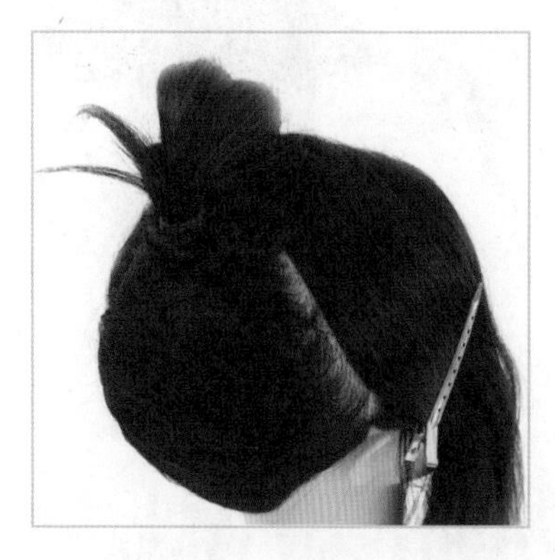

47. 扭转左侧发区，将发梢制做成圆环状后的状态。

5.6 扭转右侧发区

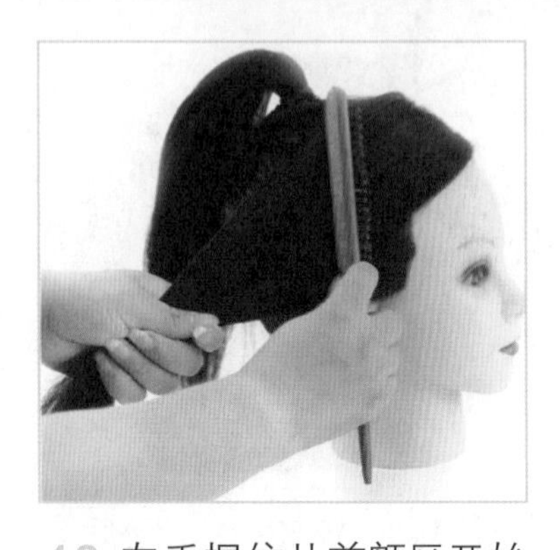

48. 左手握住从前额区开始的右侧发区的发束，用涂抹定型剂的包发梳梳理发束的表面和里侧。

49. 换成尖尾梳，继续对发束进行梳理，具体方法参考第 2 章的操作过程（※7）。

50. 整理头发的走向后，用鸭嘴夹临时固定住。为了在扭转发束时不发生打结现象，必须对发束进行充分的梳理。

51. 将发束向斜下方拉出。

52. 扭转右侧发区发束时，将尖尾梳拿在右手上，与扭转左侧发区操作相同，以一股辫橡皮筋位置和右耳上方连线为参考，将梳子的尾部紧贴在发束上。

53. 保持住尖尾梳尾部与头发紧贴的状态，抬高左手，将发束折回到正上方。

※7 右侧发区的梳理方法

复习梳理右侧发区的顺序吧，重点注意前额部分的梳理。

1. 用包发梳将发束整体向后脑区梳理。

2. 保持握住发束的手的位置不变，将包发梳的鬃毛紧贴左侧发区靠近前额的分区线处，并向斜下方以曲线轨迹梳理，使头发覆盖住前额。

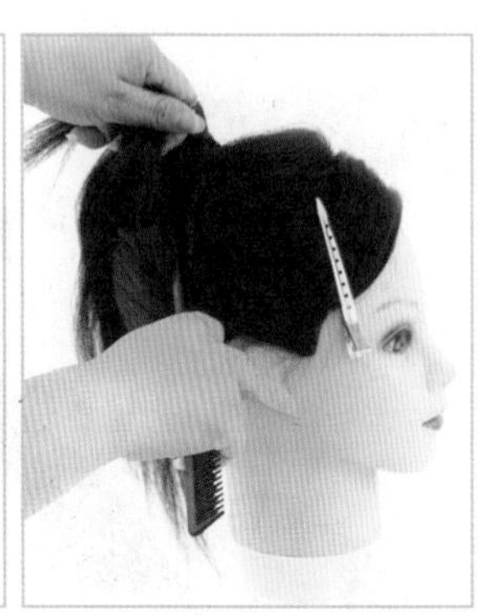

54. 左手拿住发束不动，以中指为圆心，向下翻转手腕，将发束缠绕在中指上。

55. 左手食指和中指弯曲，与拇指一起捏住发束。保持尖尾梳的位置不变，逆时针旋转发束，将其扭转至梳子固定的地方。

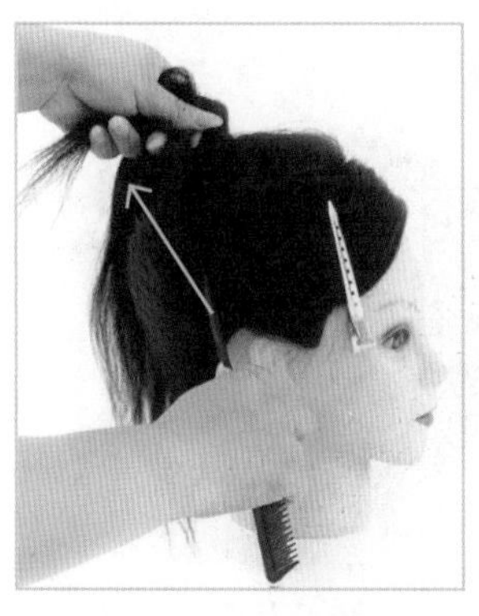

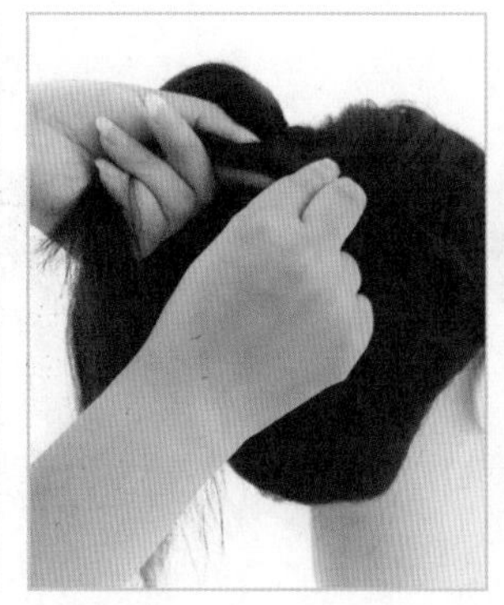

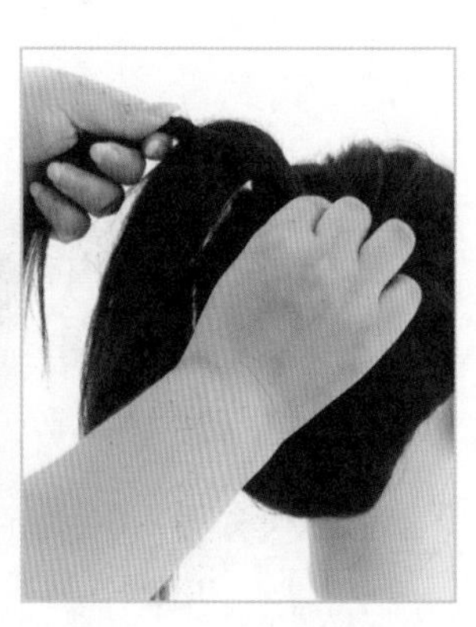

56. 将扭转后的发束稍稍拉向后方并固定在尖尾梳所做出的参考线上，而后将梳子完全抽出。

57. 保持扭转发束的状态不变，在一股辫的橡皮筋附近，用右手将被扭转的发束按住。

58. 按住发束后，左手后移，拿住发尾并从头顶一股辫下方穿过。

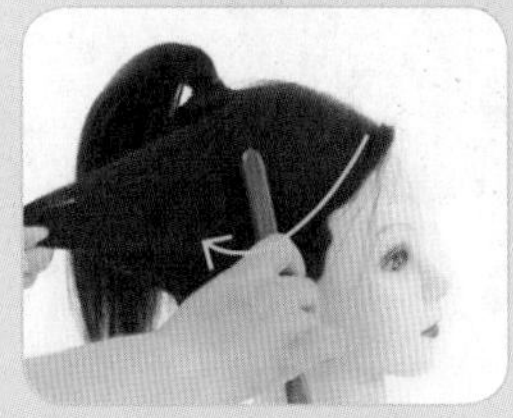

3. 从分区线靠近头顶的位置开始向斜下方梳理，曲线弧度小于步骤2中的曲线弧度，两者轨迹要相互配合，避免出现缝隙。

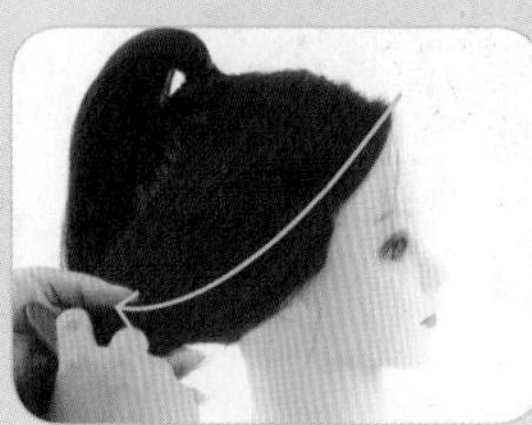

4. 从分区线靠近后脑区的位置开始向斜下方梳理，曲线弧度小于步骤 3 中的曲线弧度，同时避免出现缝隙。

59. 以与步骤 55 同样的方式拿住发尾并进行逆时针扭转。

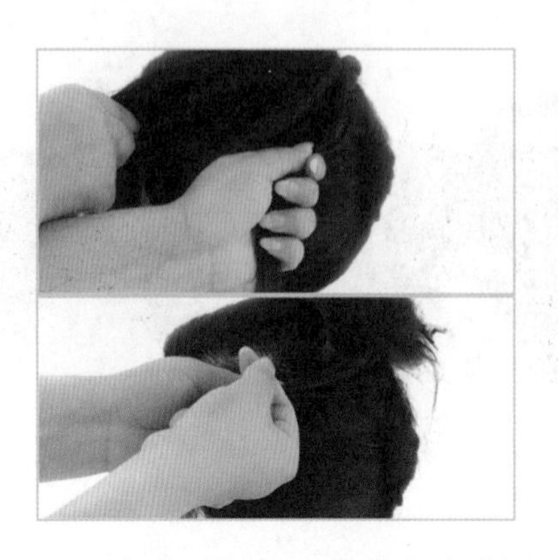

60. 将扭转后的发束向左侧发区带过去，在一股辫橡皮筋的下方用 U 型夹外固。

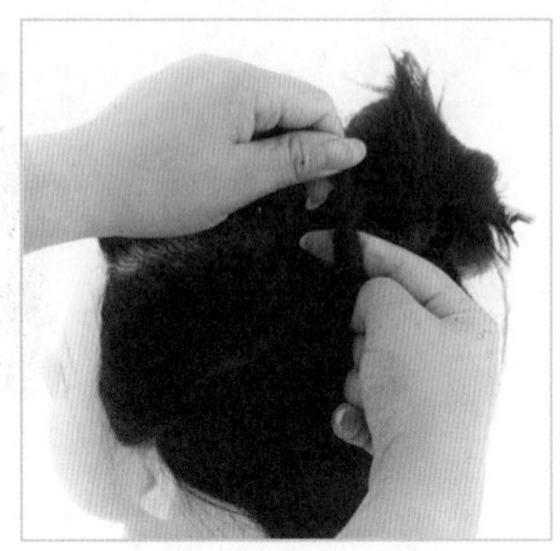

61. 对步骤 60 中外固后余下的发梢部分进行进一步的处理，在一股辫橡皮筋左侧，在发束下方放上右手食指。

62. 用左手将发束缠绕在右手食指上，直到发梢为止。

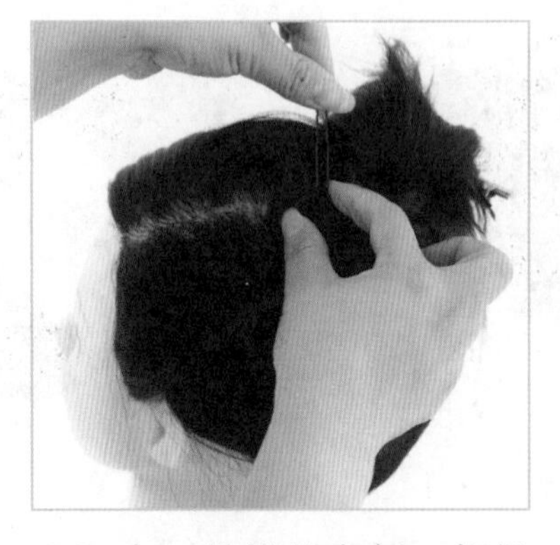

63. 在一股辫的左侧，将做成圆环状的发梢放平按住，并用 U 型夹内固。

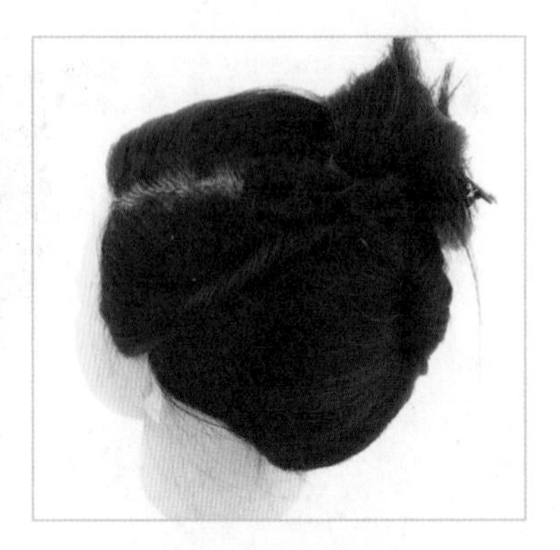

64. 扭转右侧发区，将发梢制做成圆环状后的状态。

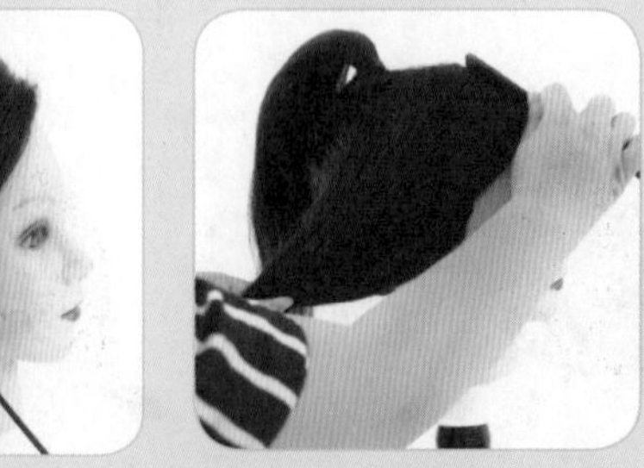

5. 使用尖尾梳，将梳齿紧贴左侧发区靠近前额的分区线处，并向斜下方以曲线轨迹梳理。

6. 再从分区线靠近头顶的位置开始向斜下方梳理，曲线弧度小于步骤 5 中的曲线弧度。

5.7 制作螺旋卷

65. 左手取在后脑区集中的一股辫，提起到正上方，右手用涂抹了定型剂的包发梳梳理，直到发梢，然后用尖尾梳梳理，直到发梢为止。

66. 使发束保持住正上方竖直的状态，顺时针扭转两周左右。

67. 右手将细小的发束一点一点拉出。

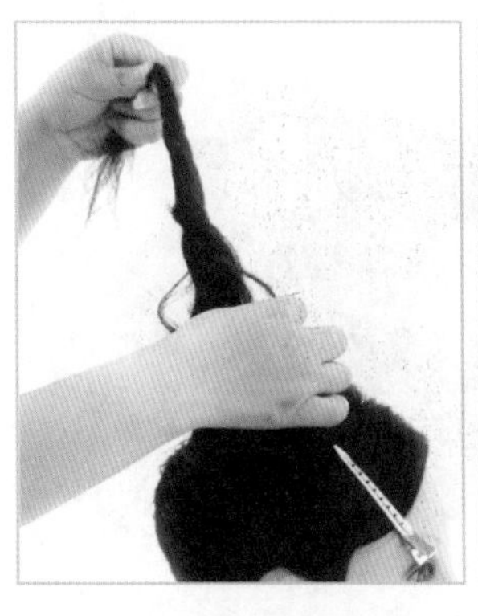

68. 以错开位置和方向的方式拉出发束，并以橡皮筋附近为中心，越靠近发根的位置，拉出发束的幅度越大；远离发根的位置，则拉出较小的发束即可。

69. 将发束提起并拉出螺旋卷后，右手捏住发根附近。

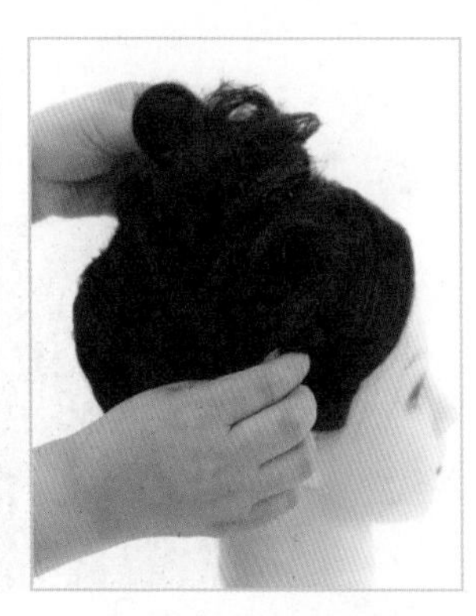

70. 将发束向右侧发区放平，同时换右手固定发束，左手捏住发根。

71. 以橡皮筋位置为中心逆时针缠绕发束，将发束攀缠到后脑区为止。

72. 用左手按住缠绕至后脑区的发束。

73. 左手用U型夹将缠绕发束固定在发根的橡皮筋位置。

74. 左手拿起发束缠绕后，余下的发尾部分同样以顺时针方向扭转，而后右手将细小的发束一点一点拉出。

75. 左手将做出螺旋卷的发尾以缠绕的方式按住，右手使用U型夹将其固定在后脑区。

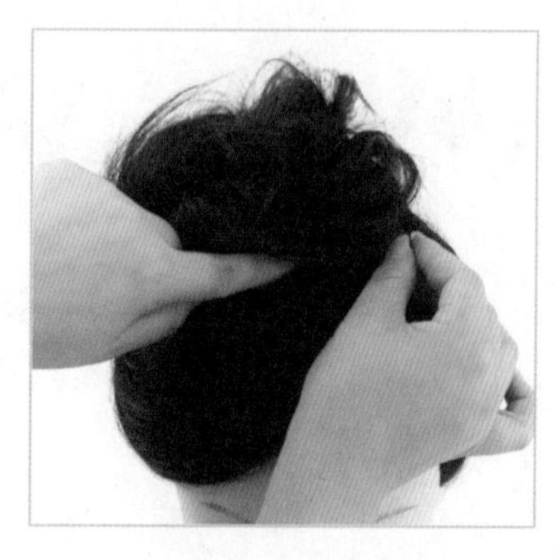

76. 边确认从正面看到的发型的整体平衡，边将发梢做成圆环状，用U型夹内固。

5.8 完成效果

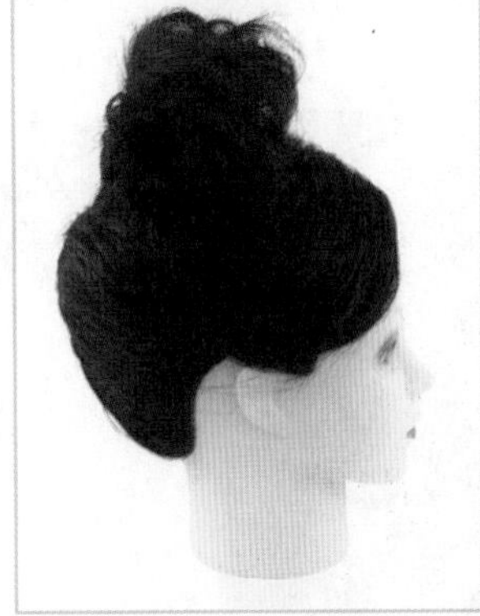

5.9 调整发型

1. 在头顶区扎起一股辫。

2. 将后脑区余下的发束握住并带向右侧发区，使用涂抹了定型剂的包发梳进行梳理（※8），之后再使用尖尾梳梳理。

3. 将发束集中在右耳后，用左手握住，发束的上方应提拉到与一股辫发根位置相同的高度。

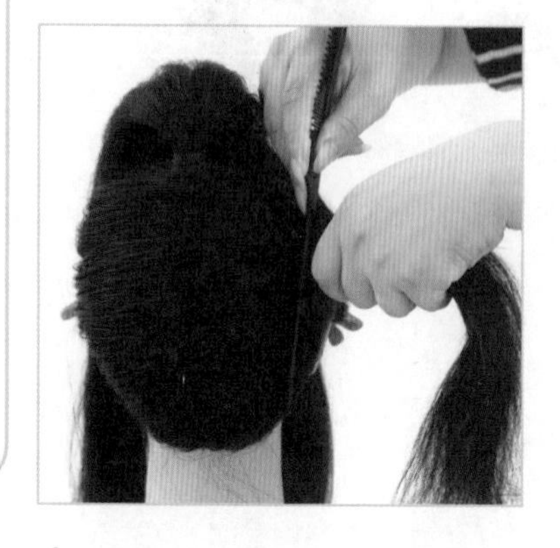

4. 保持步骤3的状态不变，将梳子的尾部紧贴在发束左侧，牢牢地按住发束表面。

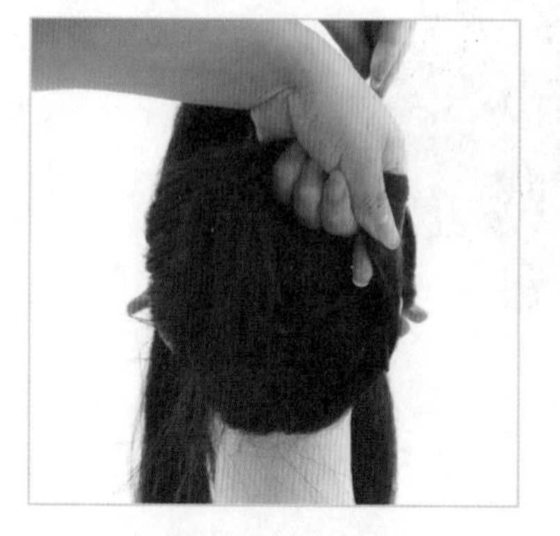

5. 将发束缠绕在梳子的尾部并向上扭转，同时站立的位置也要随着扭转发束的方向移动到左侧。

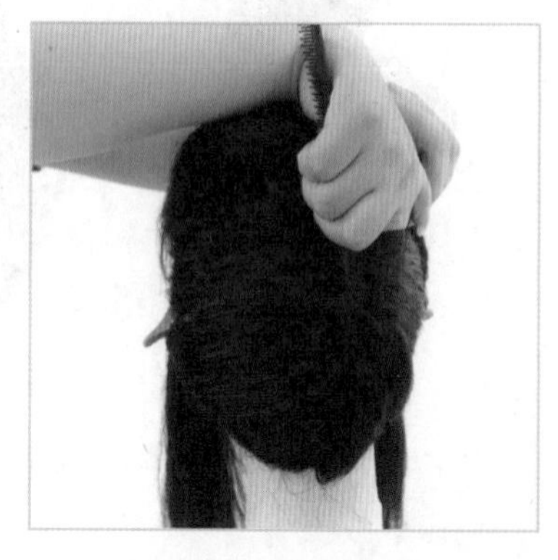

6. 用拿住发束的左手食指将发束固定在发根处，保持向上扭转的状态不变，抽出尖尾梳的尾部。

※8 将发束向上梳的高度

以扎一股辫的橡皮筋的高度为大致目标向上梳。

在侧发区扭转的情况。

在后脑区扭转的情况。

7. 将向上扭转的部分用右手按住。

8. 左手重新拿住发束并进一步向内扭转。

9. 保持发束扭转的状态并使用 U 型夹外固。

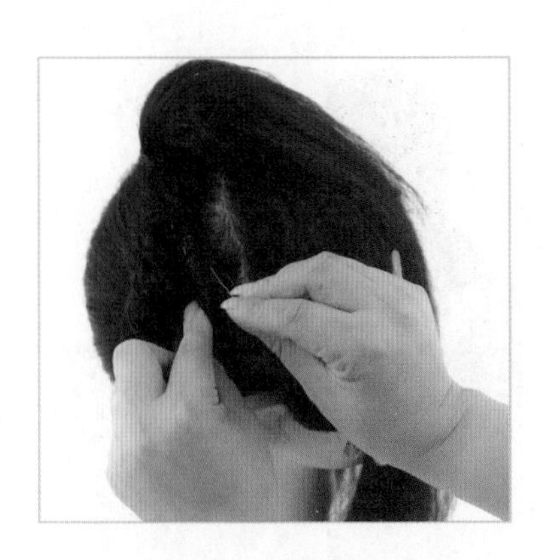

10. 将发束的发尾扭转到前额区一侧，用 U 型夹外固。

11. 在后脑区右侧面形成向上扭转的状态，将扭转发束余下的发尾与头顶一股辫一起，用鸭嘴夹固定在前额位置。

12. 而后参考章节 4.5 的操作方法扭转左侧发区，并使用 U 型夹固定在一股辫发根的右侧。

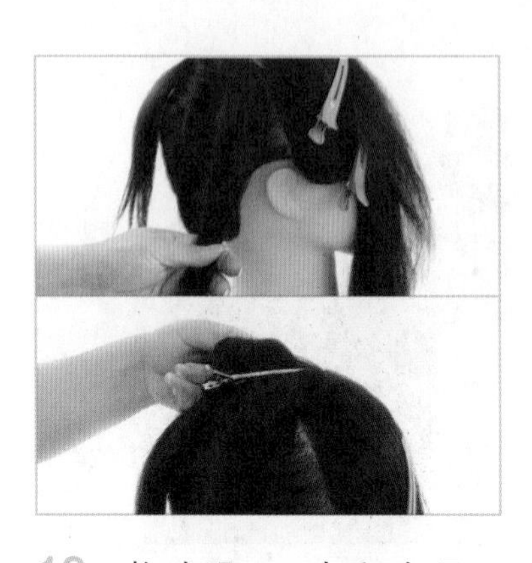

13. 将步骤 11 中和头顶一股辫一起固定在前额区的向上扭转发束取出，用单叉夹临时固定在头顶，一股辫也重新固定在后脑区左侧。

14. 将前额区和右侧发区的发束用包发梳和尖尾梳分别进行梳理。整理头发的走向后，使用单叉夹在右耳前方临时固定住。

15. 继续用尖尾梳梳理前额区和右侧发区的发尾和发梢。

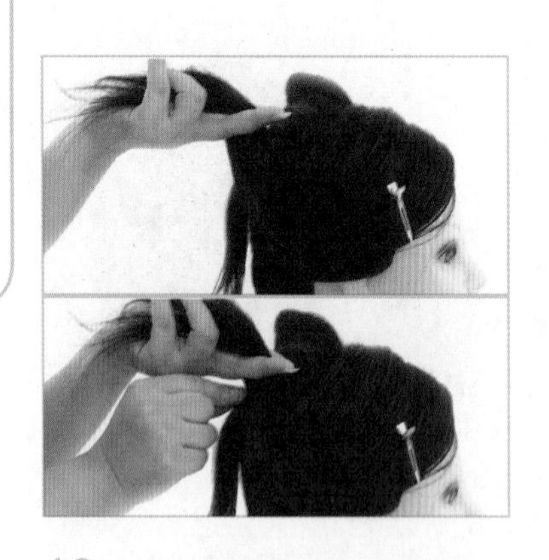

16. 将步骤 15 中梳理好的发尾逆时针扭转，右手用 U 型夹将扭转后的发束固定在步骤 9 中固定发束的 U 型夹旁边。

17. 将发尾进一步扭转，仍然在步骤 9 中固定发束的 U 型夹旁边，使用 U 型夹外固。

18. 取下步骤 13 中临时固定向上扭转发束的鸭嘴夹，并将发束拿在手中。

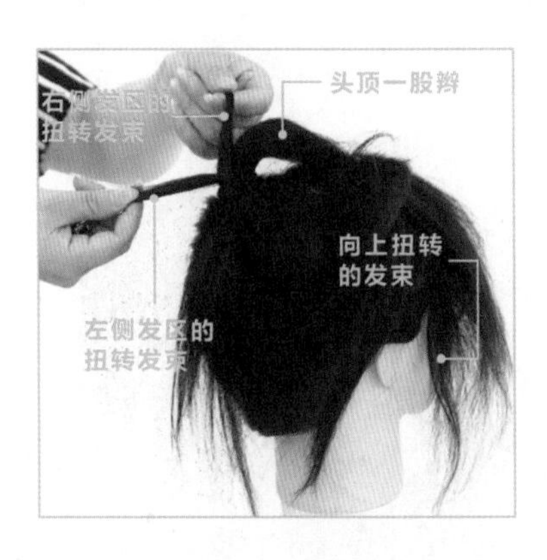

19. 目前状态下，有头顶一股辫、后脑区右侧向上扭转的发束、左侧发区的扭转发束、右侧发区的扭转发束四种发束。

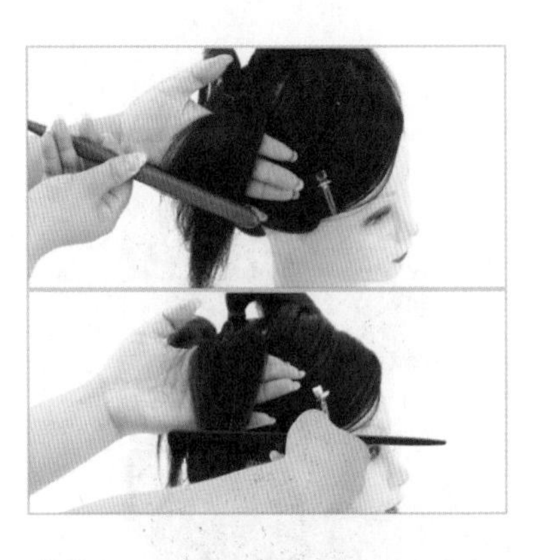

20. 取后脑区右侧向上扭转的发束，用包发梳和尖尾梳梳理。

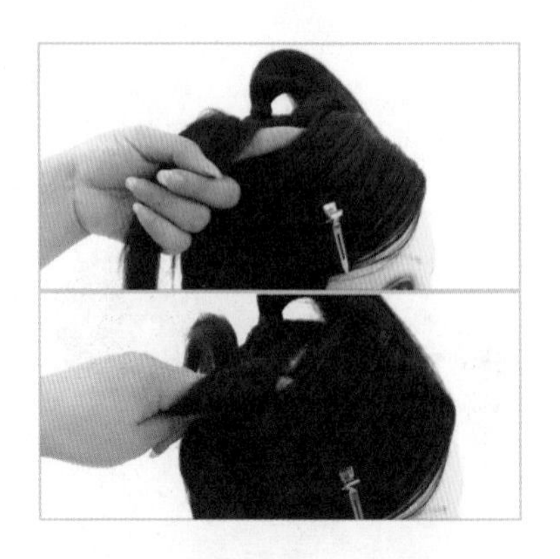

21. 将步骤 20 中梳理好的发束缠绕在左手食指上。而后向下翻转左手手腕扭转发束，并用食指按住发束。

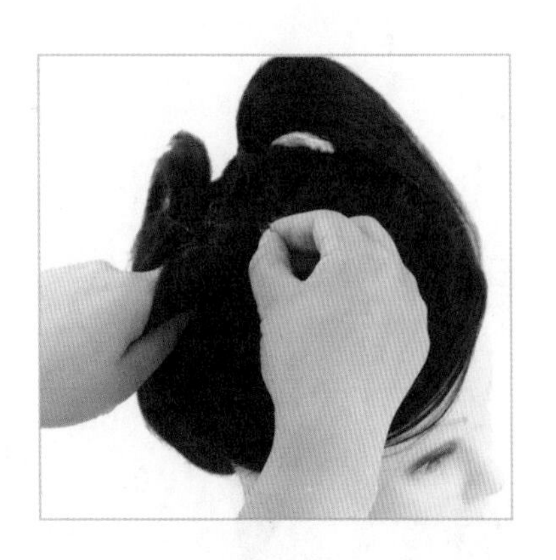

22. 右手一点一点拉出细小的发束 (※9)。

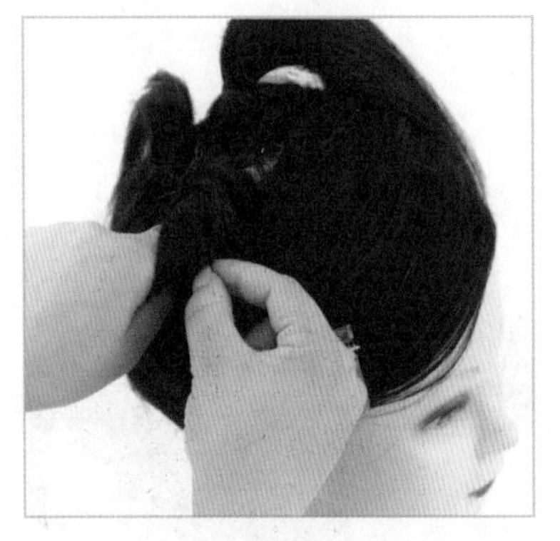

23. 继续以错开位置的方式拉出发束，较细小的发束用拇指和食指捏出。

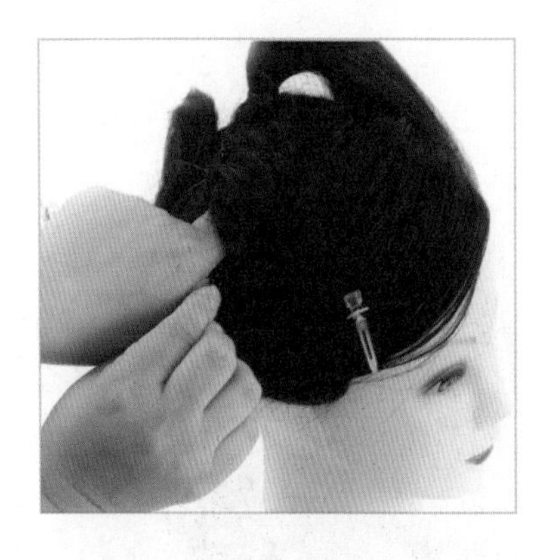

24. 拉出发束到左手食指根部位置，而后用 U 型夹固定住。

※9 向前的螺旋卷

将发束扭转到向前的方向，进一步拉出细小发束制作而成的向前螺旋卷。注意，开始扭转发束的位置和一边错开位置一边拉出发束是要点。

25. 使用尖尾梳将步骤24中固定后余下的发尾认真地梳理。

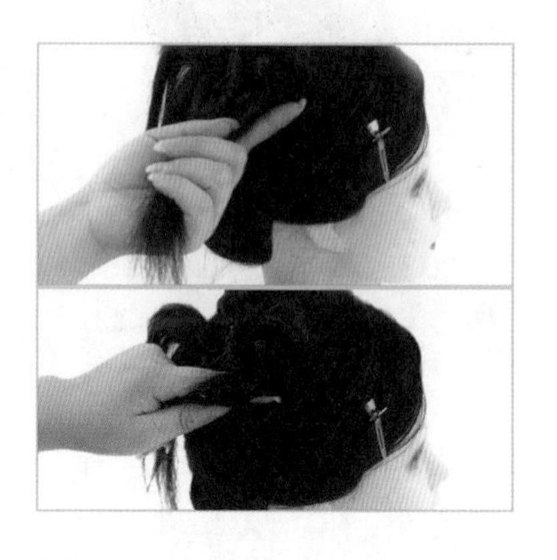

26. 将步骤25中梳理好发尾的发束缠绕在左手食指上。而后向下翻转左手手腕扭转发束，并用食指按住发束。

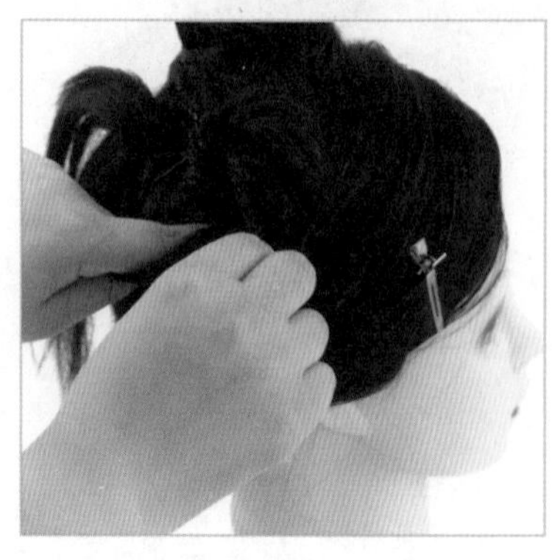

27. 与步骤22~23相同，一点一点拉出细小的发束，边错开位置边捏出发束。

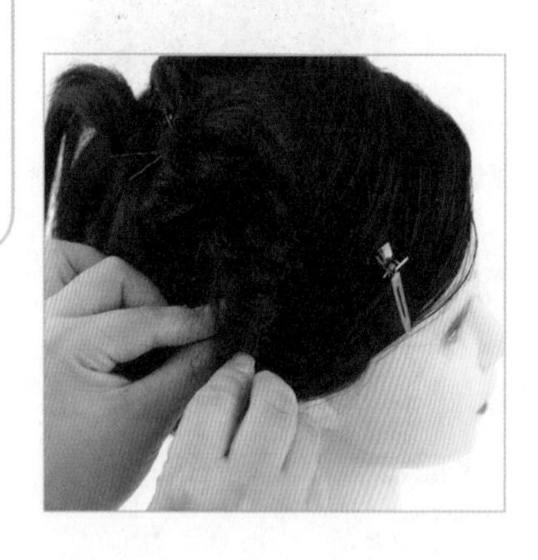

28. 在右耳上方用U型夹固定住发尾。

29. 将余下的发梢前后错开进行整理。

30. 左手取后脑区集中的一股辫，提起到正上方，右手用涂抹了定型剂的包发梳梳理到发梢，然后用尖尾梳梳理，直到发梢为止。

31. 使发束保持住正上方竖直的状态，顺时针扭转两周左右。

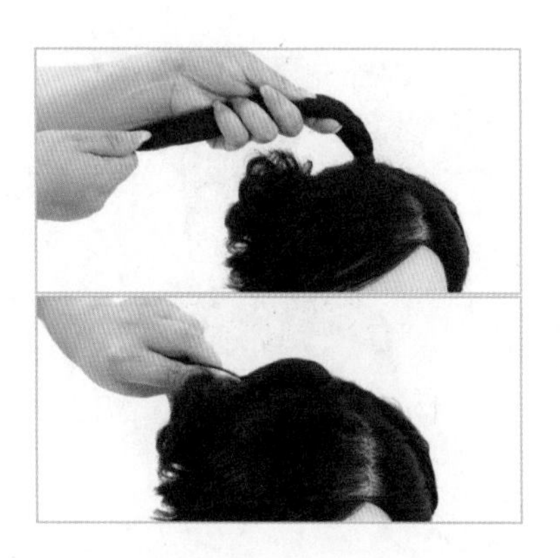

32. 将扭转发束向右侧发区放平，要注意扭转发束从前面看不要过于凸出。

33. 从扭转发束表面一点一点拉出细小的发束。

34. 将发束重叠在步骤 26 中制作的扭转发束上方，用 U 型夹固定住。

35. 将步骤 34 中用 U 型夹固定后余下的发尾做进一步扭转。

36. 而后一点一点拉出细小的发束，做成螺旋卷。

37. 将步骤 36 中制作的螺旋卷发尾固定在步骤 21~29 中制作的向前螺旋卷发束旁边，用 U 型夹固定住。

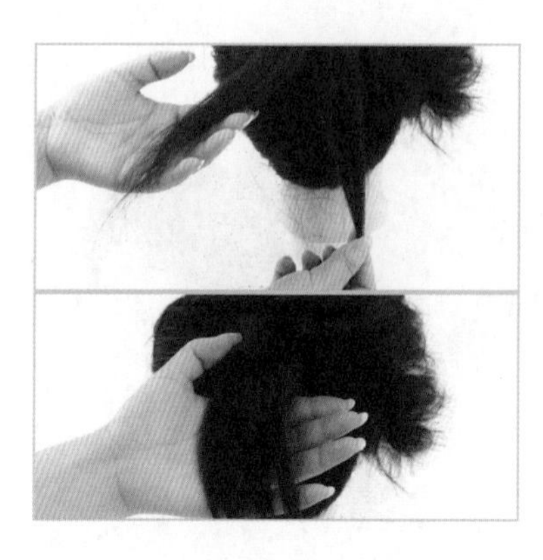

38. 将左侧发区的扭转发束和右侧发区的扭转发束合并在一起。

39. 将合并后的发束向上提起并进行扭转。

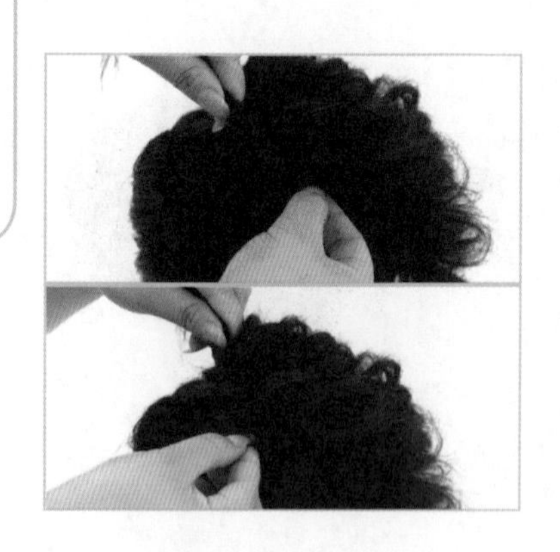

40. 从扭转发束表面一点一点拉出细小的发束。

41. 一边将发束带向左侧发区，一边用 U 型夹将中间部分固定在头顶上。

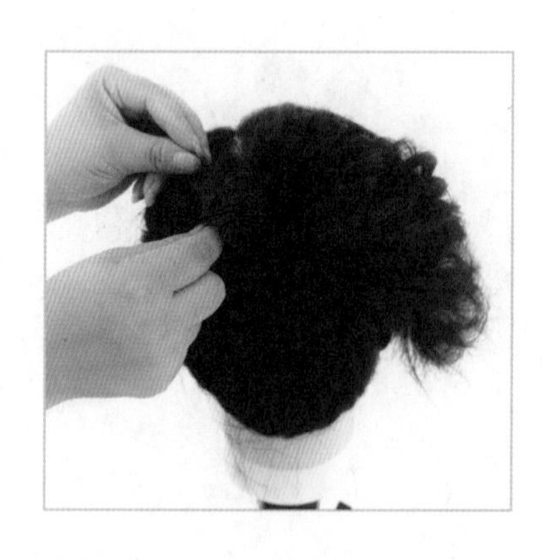

42. 对余下的发尾和发梢部分也加以扭转，并将细小的发束一点一点拉出。

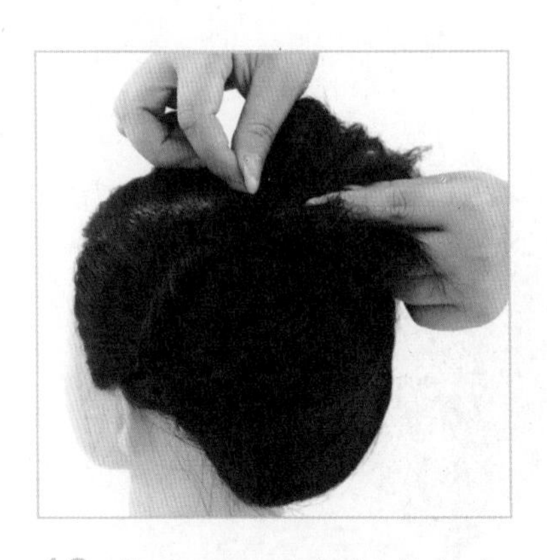

43. 将步骤 42 中制作的扭转发束的发梢拉倒在左侧发区一侧，缠绕在头顶一股辫的橡皮筋上，用 U 型夹固定住。

44. 在前额区的表面，为了表现出束感和蓬松感，较精细地拉出细小的发束。

45. 使用包发梳梳理发梢，加强从正面观看时卷儿的动态。

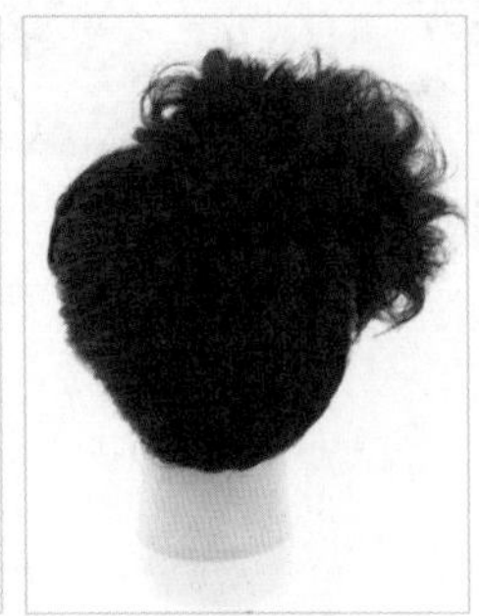

46. 完成。

5.10 效果对比

比较在本章中制作的两种发型，确认哪里发生了变化、进行了整理。

螺旋卷的位置

右侧发区增加螺旋卷后，整体发型显出体积感，增加了柔软性和华丽感，与左侧发区形成对比，在形式上产生一张一弛的效果。

前额区的质感

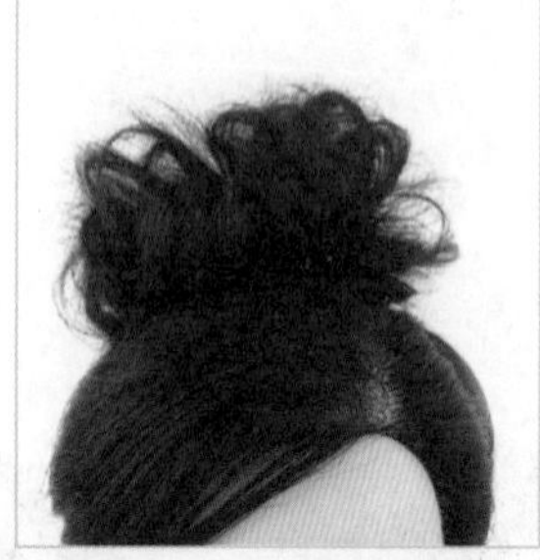

配合在右侧发区增加螺旋卷而产生的柔软质感，在原本光滑的前额区也增添了蓬松效果，形成相互呼应的节奏。

后脑区的扭转位置

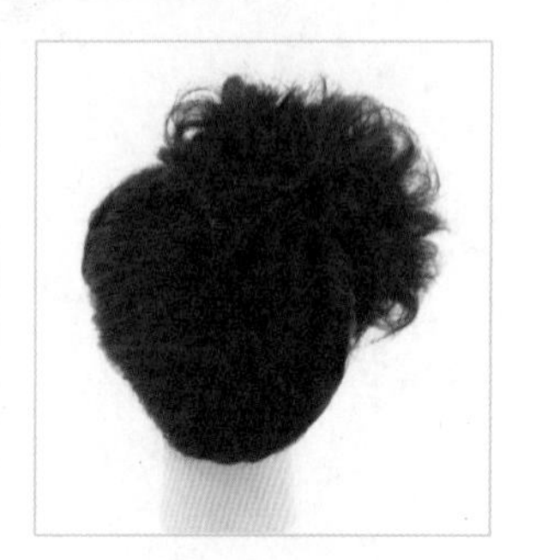

在后脑区右侧面制作了向上扭转的发型后，与右侧发区的螺旋卷形成动感和静态的对比。

左侧发区的扭转位置

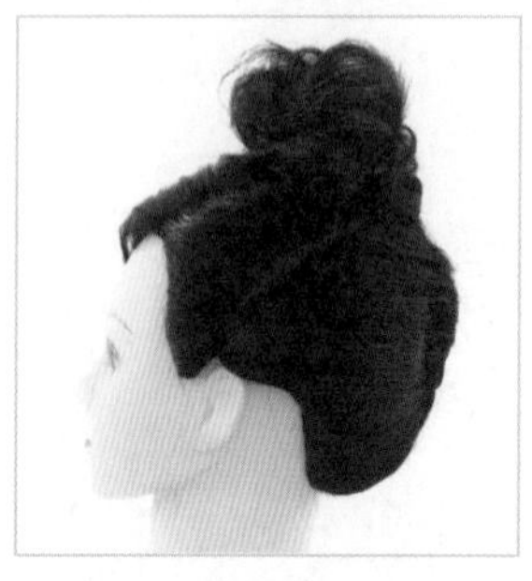

左侧发区的扭转方法和扭转位置与右侧发区是相同的。

第6章 环形卷+倒梳卷的重叠晚会盘发

本章将学习将后脑区发束左右分开并重叠起来的“重叠晚会盘发”发型。在侧发区搭配环形卷，在头顶区倒梳头发，使之蓬起来后制作倒梳卷。这种倒梳卷，由于可以应用在发量较少的情况或者短发上，所以也是一种在实际操作中使用比较广泛的技术。

6.1 造型介绍

制作发型的流程

将头顶区左右分开，各自扎成一股辫，后脑区的发束也左右分开。将两侧的发束向相反侧面提起并与对应的一股辫扎在一起，使后脑区发束重叠起来，并在左右的侧发区搭配环形卷。在头顶左右两侧的一股辫上分别倒梳头发，使之蓬起后制作后梳卷。

①制作头顶分区。

②将头顶发束分成两部分，分别扎成一股辫。

③将后脑区左侧发束向右上方提起，与右侧一股辫扎在一起。

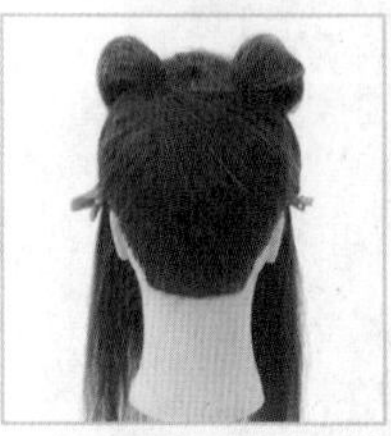

④将后脑区右侧发束向左上方提起，与左侧一股辫扎在一起。

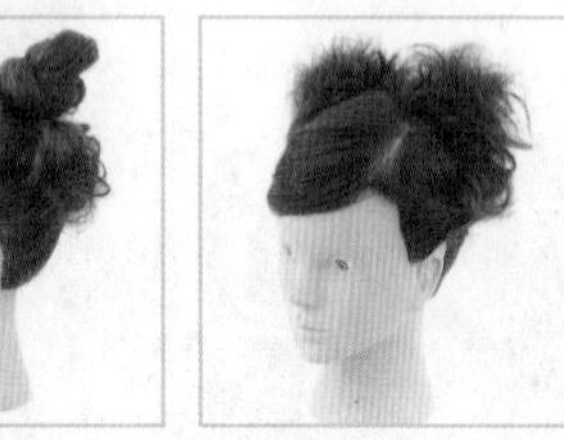

⑤在两边的侧发区制作环形卷。

⑥将头顶左右两侧的一股辫分别倒梳头发，使之蓬起后制作后梳卷。

学习要点

□**能够掌握将光滑的发束重叠起来制作而成的发型**

将后脑区发束左右分开后重叠起来的“重叠晚会盘发”发型。因为分两次向上提起发束，所以比较容易操作。注意要保持后颈发际线处的头发不松弛，将发束牢牢地往上拉。

□**掌握环形卷的制作方法**

本章会介绍将环形卷搭配在侧发区的发型。以整体发型为基础，有效利用两侧发束做成环形卷的形状，在设计上表现出亮点。

□**了解后梳卷的制作方法**

在有卷的发束上倒梳头发，使之蓬起并形成卷，完成华丽的发型。记住，此发型适用于发量少和短发的情况。

环形卷 + 倒梳卷的重叠晚会盘发

重叠晚会盘发是将后脑区左右分开，将各自的发束向对侧提起并重叠起来制作的发型。搭配侧发区的环形卷和头顶区的倒梳卷，提高发型完成度。

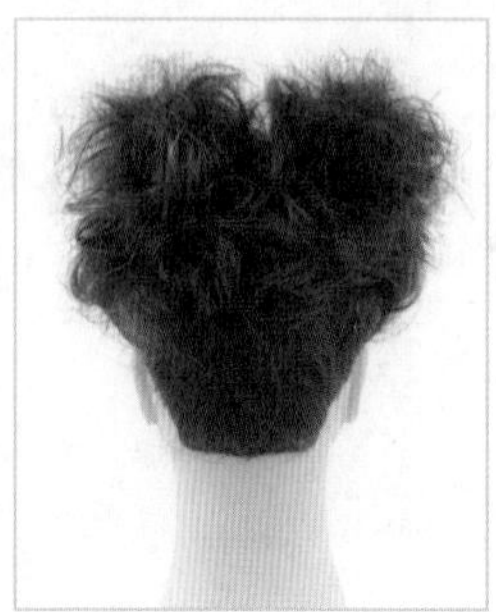

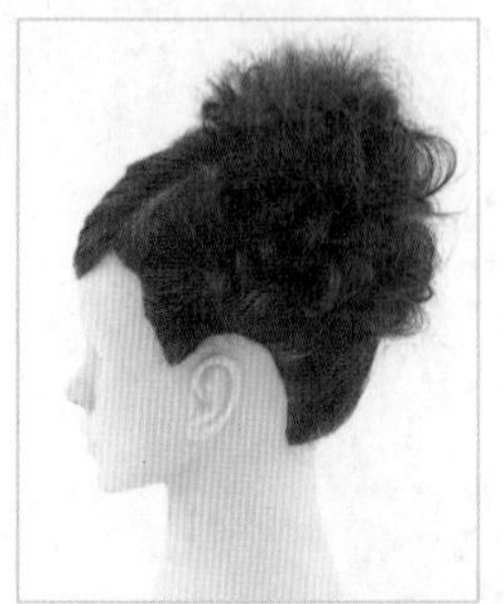

6.2 扎两个一股辫

1. 以耳朵前上方和头顶黄金点的连线为界，将头发前后分开。在前额区以左侧黑眼珠向上的延长线为界将头发左右分区。

2. 将尖尾梳顶端紧贴在头顶中心偏左 2~3 厘米的位置，向后脑区左侧面画曲线来分区，到正中线为止，曲线最低点最好距离后颈发际线 3~4 厘米。

3. 用左手固定住后脑区左侧分区后的发束，并以食指紧贴在正中线上。

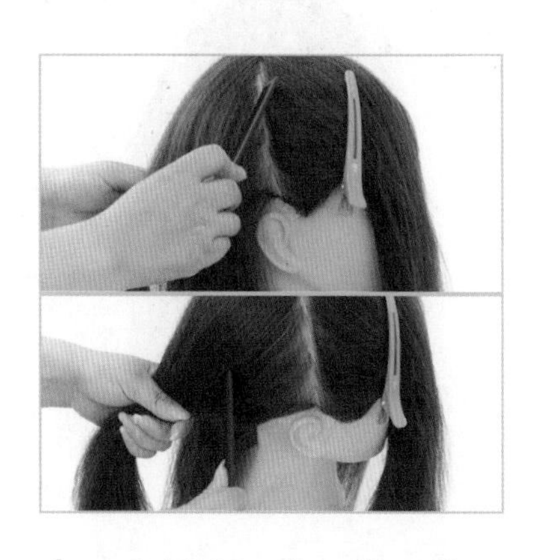

4. 右侧发区也同样，使用尖尾梳画曲线给头发分区。

5. 一股辫分区后的状态（※1）。

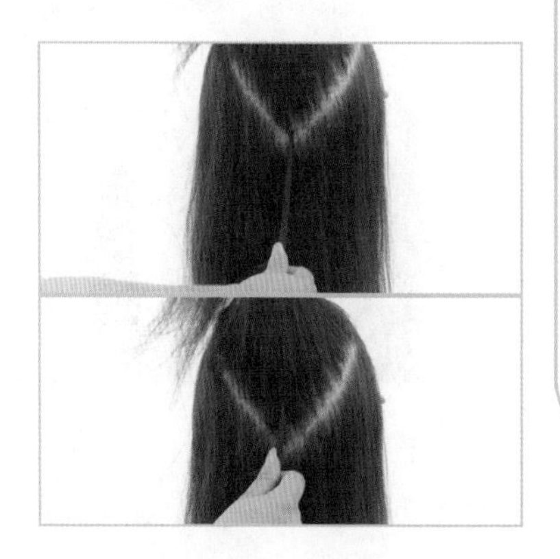

6. 将尖尾梳的尾部紧贴在正中线和分区线交叉点上，竖直向上画直线，将发束左右分开。将尖尾梳的尾部沿着头皮画线的话，头发会很容易分开。

※1 基础的形状

如同在第 4 章中学到的分区方式，本章也是要制作将后颈发际紧紧提起的发型。因此，在头顶一股辫的分区最低点加上了折线转角。

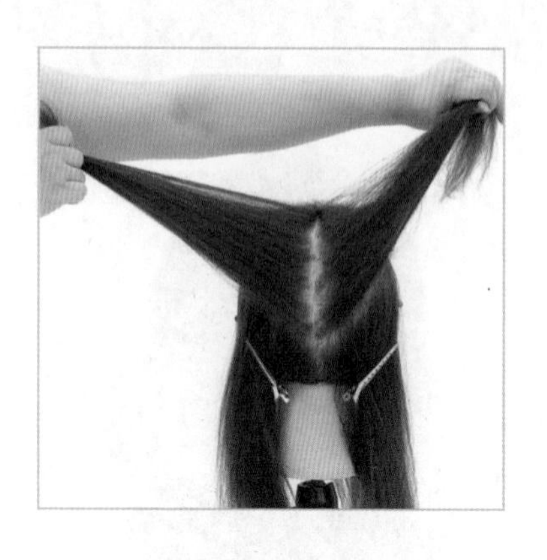

7. 将分区的发束左右分开后的状态（※2）。

8. 将左侧的发束一边向上提拉，一边使用滚梳梳理，直至发梢。

9. 再使用尖尾梳进行梳理，保持住提拉发束的状态。

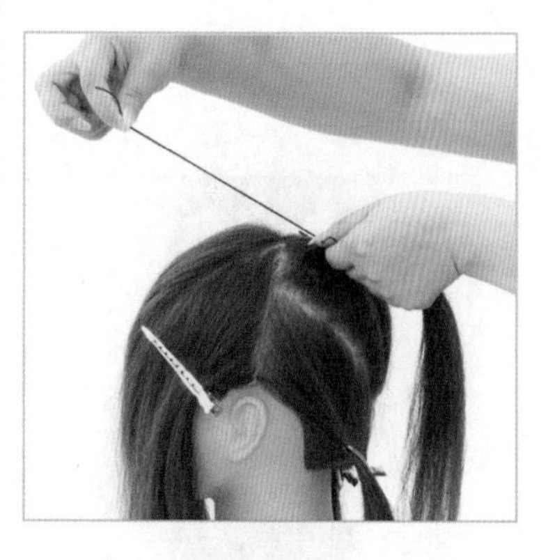

10. 左手握住发束的发根，在黄金点的位置用橡皮筋扎起来。

11. 右侧的发束也采用步骤8~9的方式进行梳理，而后在黄金点的位置用橡皮筋扎起来。

12. 头顶就形成了左右各一股辫的状态。

※2 将一股辫分成两部分

将一股辫分成两部分更容易将后脑区的头发集中起来。因为发束的分区增加了，所以设计的发型外观也产生了较大的变化。

将后脑区左侧的发束和头顶右侧的一股辫合并。

将后脑区右侧的发束和头顶左侧的一股辫合并。

6.3 重叠后脑区左侧发束

13. 在距分区线底部角 2~3 厘米的右侧分区线上紧贴尖尾梳尾部，向左下方正中线和后脑区发际线的交叉点方向画出斜线。

14. 后脑区头发分区后的状态。分区后，原本属于后脑区右侧的发束被划分到后脑区左侧发束中，这样可以使重叠起来的部分更加牢固、收紧。

15. 将步骤 14 中分区后的后脑区左侧发束拉到正后方。站立的位置，比中心稍稍往左侧偏些。

16. 将后脑区左侧发束向右侧提拉。站立的位置移动到比中心稍稍偏右侧些。

17. 用拿发束的手施加张力，进一步向后脑区右侧提拉发束。站位也一起向右侧发区移动。

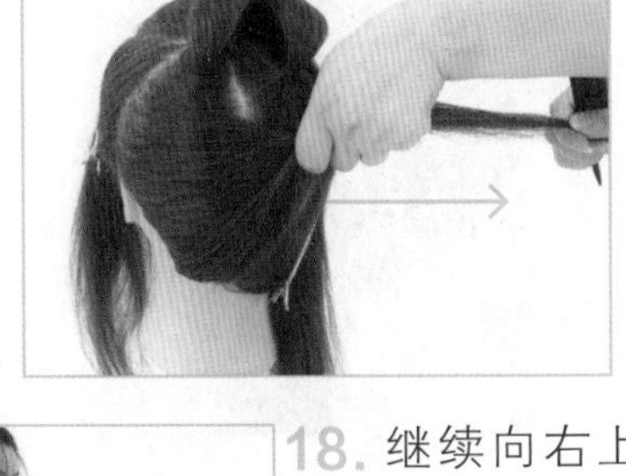

18. 继续向右上方提拉发束，至右耳后方为止。站立的位置，以右侧发区的右耳侧面附近为大致目标。

※3 发束的梳理方法（S 形包发梳）

使用 S 形包发梳梳理发束，要用梳子的整个鬃毛面，从发根向发梢去梳理。

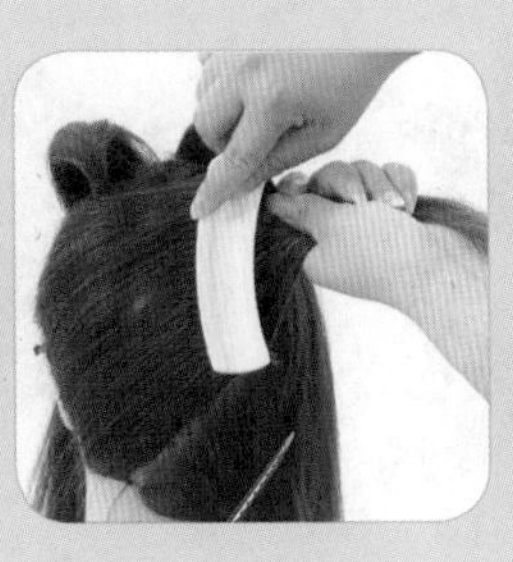

19. 将后脑区左侧发束提拉到右上侧，用S形包发梳梳理(※3)。

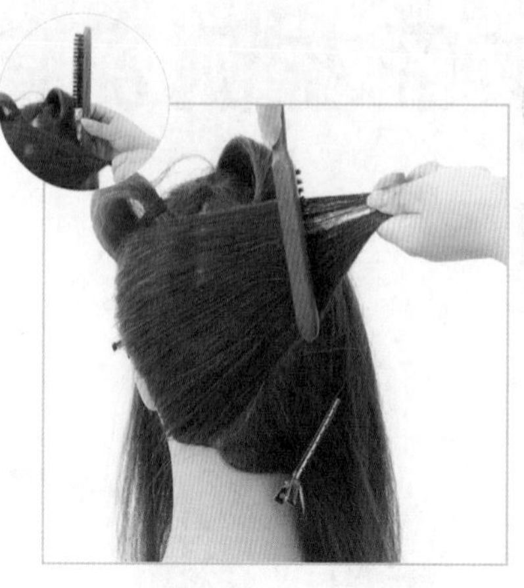

20. 使用包发梳进一步梳理表面。此时拿梳子的手势如图，梳子的鬃毛朝手心的方向（※4）。

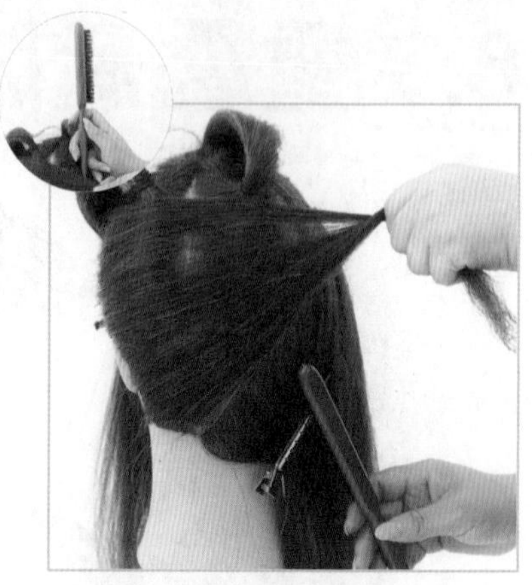

21. 将包发梳移至发束下方，从发束的下侧插入梳子，向上梳理。此时拿梳子的手势为，梳子的鬃毛朝手背的方向。

22. 反复使用包发梳将后脑区左侧发束向右上方梳理，将头发的走向和表面整理得光滑顺畅。

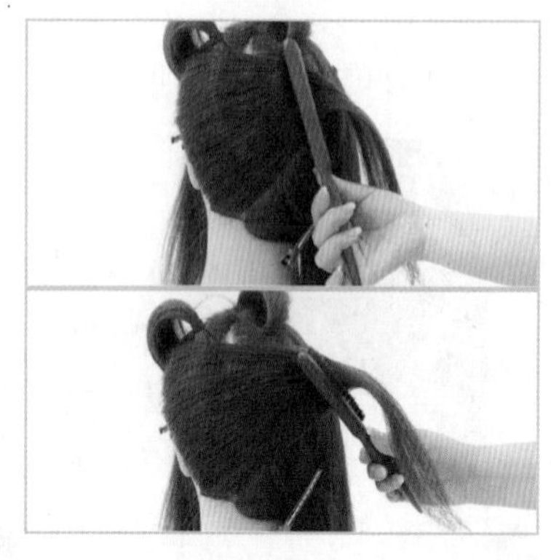

23. 一边将发束向上提拉，一边用包发梳进行梳理，直至发束的上侧靠近头顶右侧一股辫的橡皮筋为止（※5）。

24. 用左手手背将发束固定在头顶右侧一股辫下方。

※4 发束的梳理方法（包发梳）

使用包发梳的时候也同样，从发根向发梢梳理。

25. 左手按住发束，右手继续用包发梳向上边提拉边梳理，逐渐将分散的头发集中到一起。

26. 用左手握住集中起来的发束。

27. 右手拿起头顶右侧的一股辫。

28. 将右手拿起的一股辫与左手握着的发束合并在一起。

29. 左手固定发束，右手使用橡皮筋将合并后的发束扎在原来的一股辫发根处。

30. 将后脑区左侧的头发向上提拉，与头顶右侧一股辫合并后的状态。

※5 发束向上提拉的位置

将后脑区左侧的头发向上提拉，与头顶右侧一股辫合并的发型，需要把后脑区左侧的头发梳到头顶右侧扎一股辫的橡皮筋高度，以便于发束的合并集中。

※6 发束向上提拉的方法

和左侧发区相同，站位也相应地移动到相反侧发区，同时向上提拉发束。

1. 将后脑区右侧的发束拉出到正后方。

6.4 重叠后脑区右侧发束

31. 取在步骤 14 中分区的后脑区右侧发束，向左上方提拉。和步骤 15~18 一样，身体站位要移动到左侧发区一侧，拿发束的左手提拉发束至左耳后方（※6），再用 S 形包发梳梳理。

32. 换成包发梳，继续梳理发束表面。提拉发束至上侧靠近头顶左侧一股辫的橡皮筋高度为止（※7）。

33. 将包发梳放在发束左侧进行梳理。此时拿梳子的手势为，梳子的鬃毛朝手背的方向。

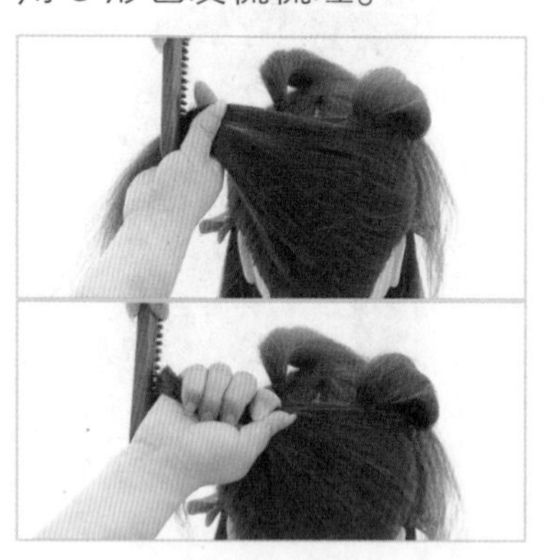

34. 右手握住发束，左手使用包发梳梳理发束上侧，边梳理边提拉，梳理完后用右手将发束固定在头顶左侧一股辫的橡皮筋处。

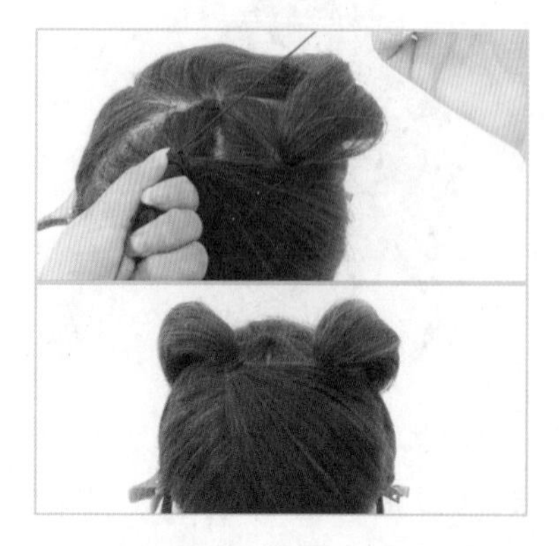

35. 左手握发束，右手拿起头顶左侧的一股辫，与左手握着的发束合并，并使用橡皮筋将合并后的发束扎在原来的一股辫发根处。

36. 后脑区发束与头顶区一股辫重叠合并后，将两股新形成的一股辫集中并缠绕在发根上，用 U 型夹固定，制造卷曲效果。

2. 将拉出的发束向后脑区左侧提拉。

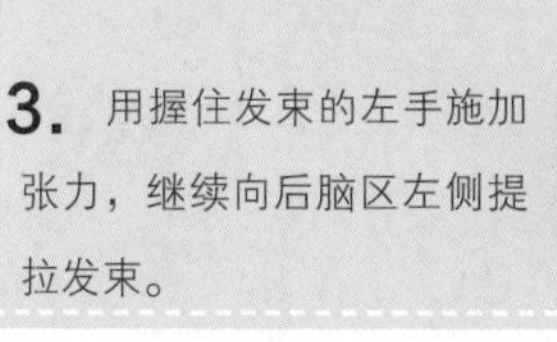

3. 用握住发束的左手施加张力，继续向后脑区左侧提拉发束。

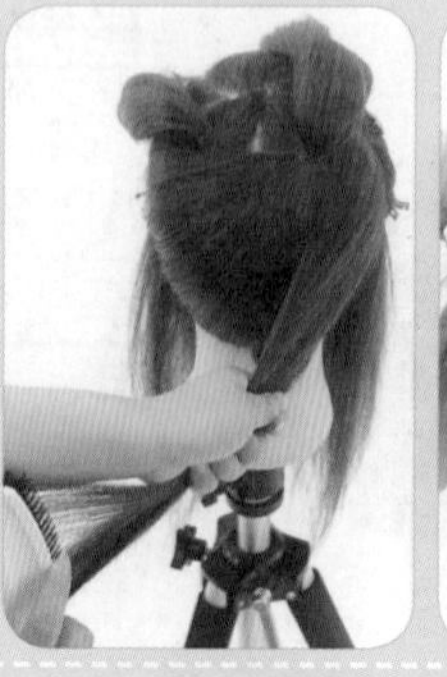

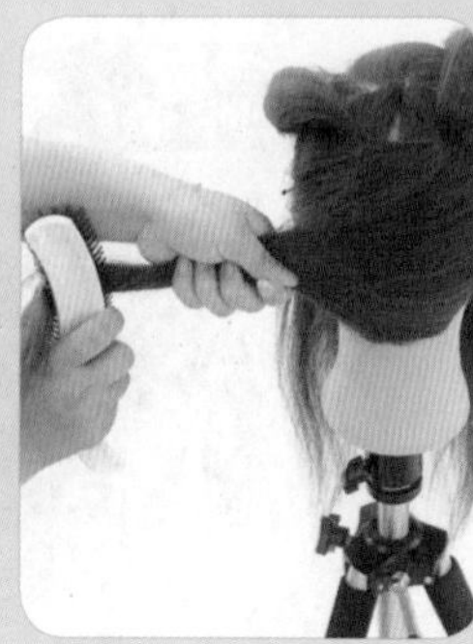

4. 继续提拉发束，至左耳后方为止。

6.5 制作两侧发区的环形卷

37. 将左侧发区的发束拉出到下方并进行顺时针扭转。

38. 将扭转后的发束提拉到正后方。

39. 从扭转发束上拉出细小的发束，越靠近发根的部分，卷度越小。

40. 将发束进一步顺时针扭转。

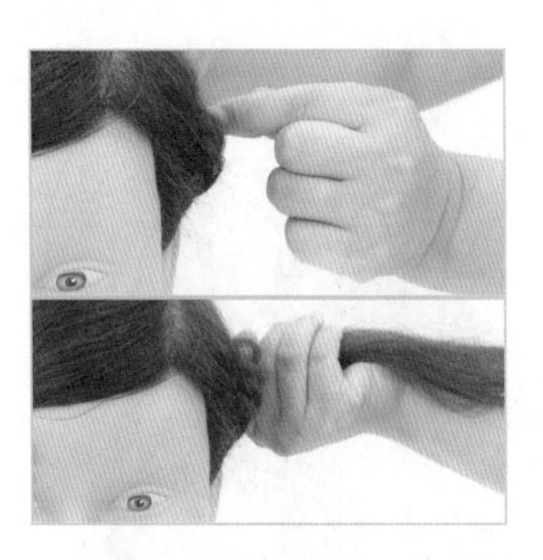

41. 从前额区看的话，拉出的发束会形成圆环状。将倾向前方的圆环卷稍稍向后调整，成为垂直于头皮的状态。之后进一步扭转发束，使环形卷更加稳定。

42. 换成左手固定住扭转发束的状态，右手拿起U型夹。

※7 往上提拉发束时的注意点

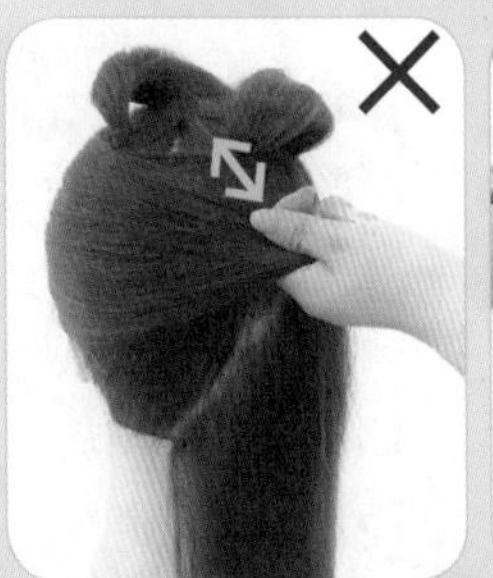

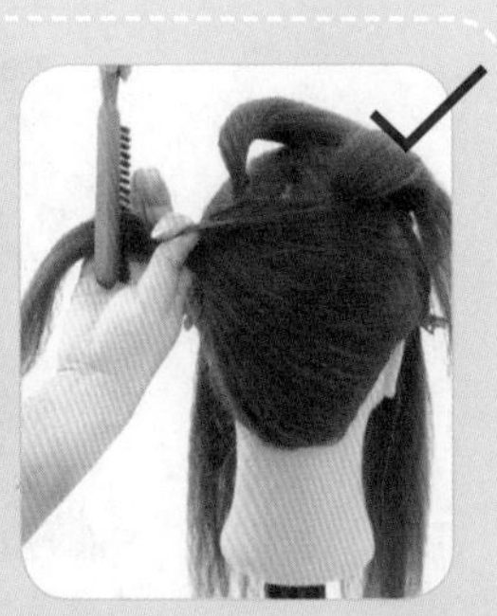

在和头顶一股辫有较大距离的地方集中发束的话，用橡皮筋扎起来的时候将很难向上提拉头发，而且表面会显得凌乱。

拿发束的左手手心朝向发根的位置握住发束的话，之后会很难用橡皮筋扎起来。

43. 使用 U 型夹将扭转发束外固。

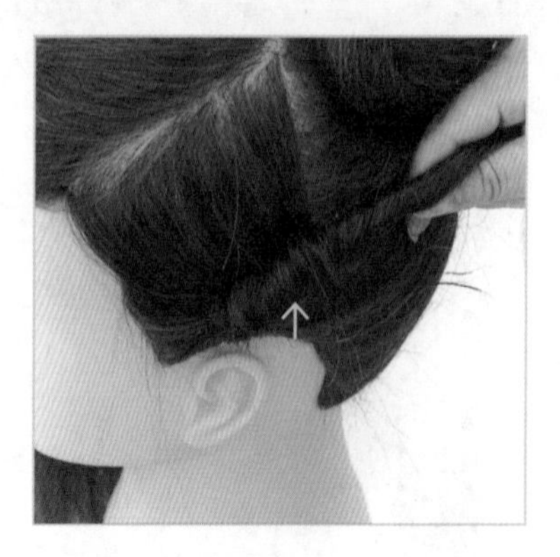

44. 右手将固定后余下的发尾也进行顺时针扭转，左手拉出细小的发束。将步骤39 中拉出的发束加大，使卷更加明显（※8）。

45. 将发束进一步扭转到正上方，并换左手按住发束，保持扭转状态不变。

46. 右手拿起 U 型夹进行外固（※9）。

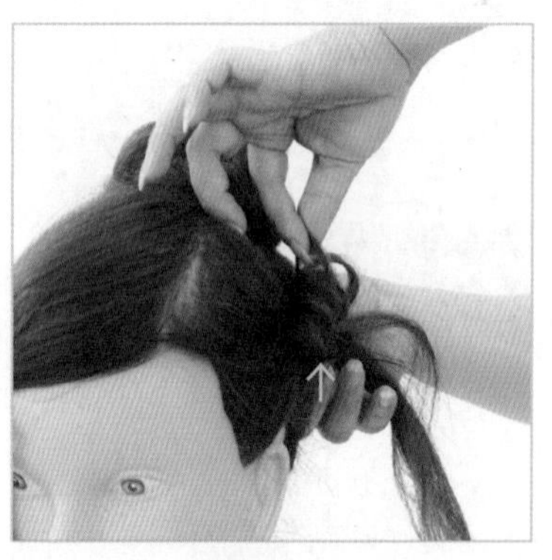

47. 在固定住的扭转发束上继续拉出细小的发束，比步骤 44 中拉出的发束卷度更大。

48. 将步骤 47 中固定后余下的发尾提拉到头顶缠绕发束的底端。

站立的位置和发束的走向相反的话，会很难将发束向上提拉，而且发束也会不容易集中，无法用手握住。因此，要和发束一起移动站位到相反的侧发区。

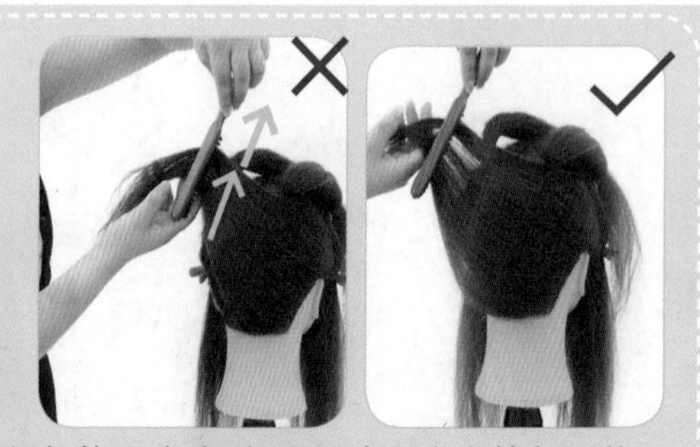

向上提拉梳理发束时，要用左手向上抬起到扎一股辫的橡皮筋位置，梳子插入头发后的位置则要固定住。如果使用梳子向上提拉，造成梳子鬃毛与头发垂直摩擦，那么头发的走向就会变乱。

49. 用U型夹固定住，要固定在后脑区的发根上，不要固定在头顶缠绕发束上，因为缠绕发束之后，要拆开制作倒梳卷。

50. 将余下的发尾部分进行顺时针扭转并使用包发梳整理发梢走向，使其向左外侧旋转，形成缠绕状，再使用U型夹固定。

51. 左侧发区的环形卷形成后的状态。

52. 取右侧发区的发束，用尖尾梳梳理表面。整理头发的走向后，用鸭嘴夹临时固定住。

53. 左手将发束拉到下边，逆时针扭转。

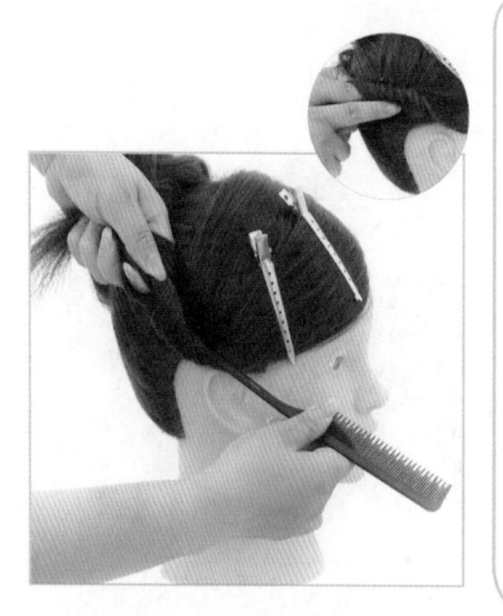

54. 将扭转发束向后上方提拉并继续逆时针扭转。因为右侧发区的发量较多，所以紧贴尖尾梳的尾部进行提拉更为便捷。

※8 制作环形卷的位置

侧发区的环形卷，从前额区看的时候，卷形成的位置、大小和方向有所差异、不相互重叠就会比较漂亮。这里是将发束向后上方提拉后，固定在后脑区靠近头顶一股辫的位置。

55. 从扭转发束上拉出细小的发束，越靠近发根的部分卷度越小。

56. 将扭转发束使用 U 型夹外固。

57. 右手将固定后余下的发尾也进行顺时针扭转，左手拉出细小的发束。

58. 将发尾进一步逆时针扭转，用 U 型夹外固。之后采用和步骤 46~50 同样的方法制作环形卷。

59. 将左右两侧的环形卷发束中间加以调整，使其融合在一起，并使用 U 型夹进行内固。

60. 右侧发区的环形卷完成后的状态。

※9 制作环形卷的顺序

这里是将“扭转发束→拉出细小发束→进一步扭转发束→用夹子固定”这 4 个操作作为一组，反复进行来制作环形卷。

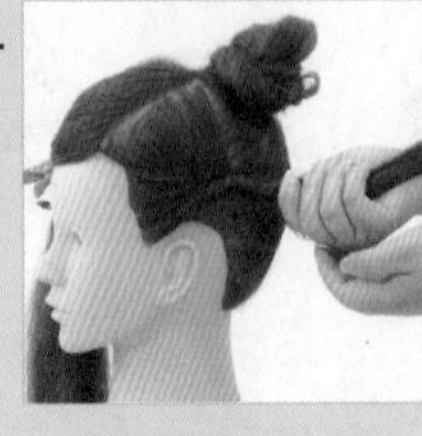

扭转发束

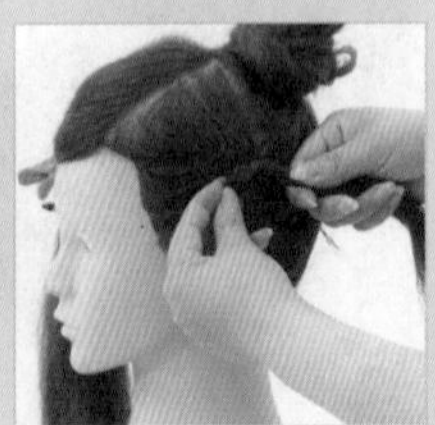

拉出细小的发束

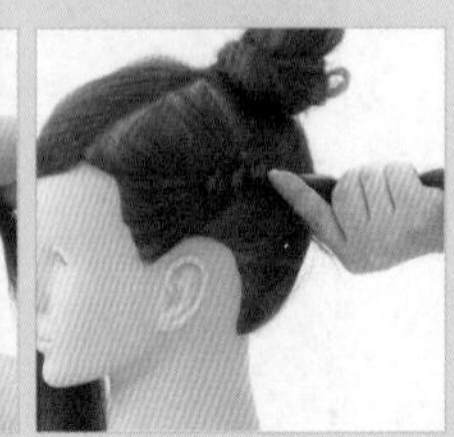

进一步扭转发束

用夹子固定

6.6 制作一股辫的倒梳卷

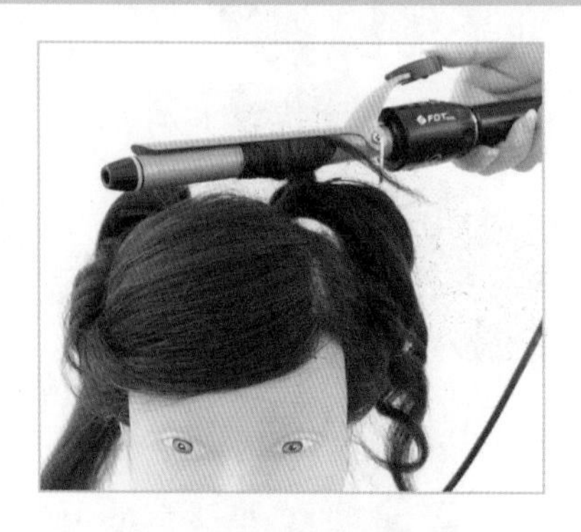

61. 将步骤 36 中缠绕在一起的头顶一股辫拆开，取左侧的一股辫。若缠绕后制做出的卷度不够理想的话，可以用 26~32 毫米的卷发棒来进行调整。

62. 用涂抹了定型剂的包发梳梳理发束。

63. 将发束向上提起到正上方并松缓地扭转，扭转的方向，顺时针和逆时针都可以。由于之后需要倒梳头发使之蓬起，所以注意不要扭转得过紧。

64. 在发束中间部分开始使用尖尾梳向下倒梳至发根部分，使发束蓬起。随着发根蓬起的头发增多，逐渐将开始倒梳的位置向发尾移动，同时倒梳结束的位置也向上移动，避免压迫已经形成的倒梳卷（※10）。

65. 倒梳的起始位置上升到发尾时，只需要倒梳至发束中间即可。倒梳头发的卷要具有各不相同的方向，以显示动态感。

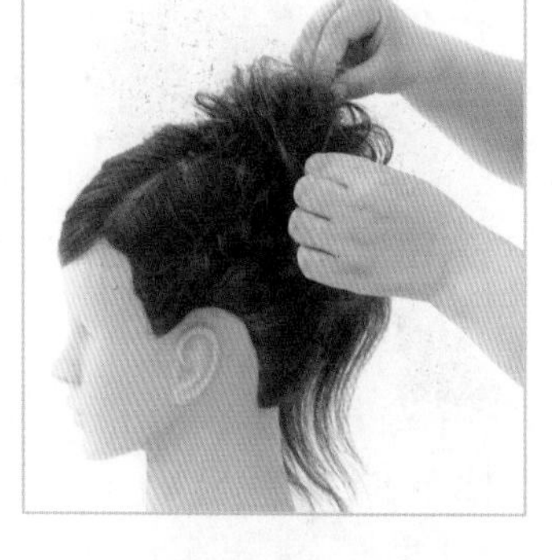

66. 在整个发束上倒梳，使之蓬起后，拿起发束的中间部分。

※10 倒梳头发使之蓬起

将梳齿放在发束上向下梳，打乱倒梳卷的方向性，从而完成有体积感和蓬松感的卷。

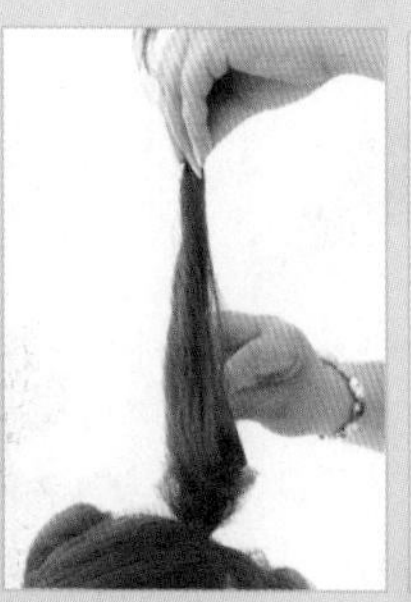

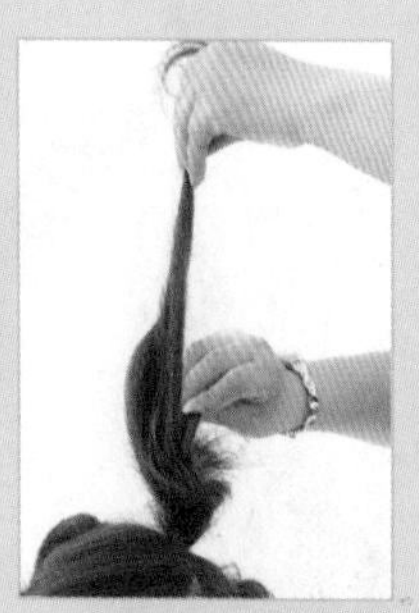

67. 一边确认倒梳卷的方向，一边扭转发束，按在一股辫的发根处。

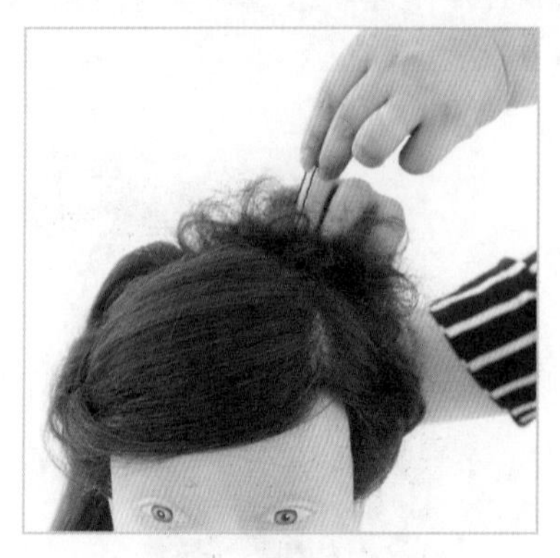

68. 用U型夹将按住的部分固定在发根上。可以使用两根U型夹重叠起来固定，以便更加牢固、不松散。

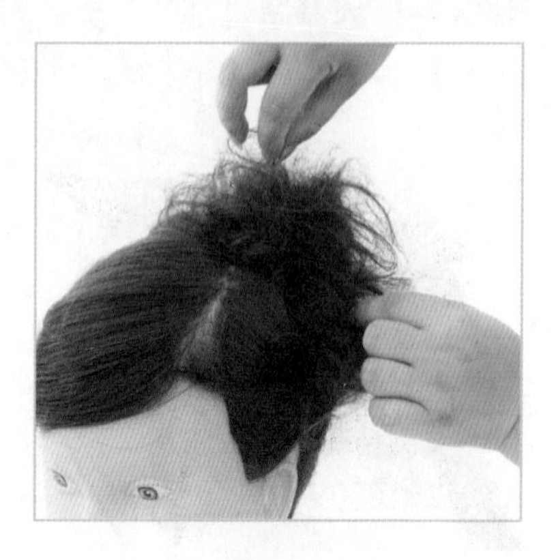

69. 一边调整发梢，使其配合倒梳卷散开，一边将倒梳卷的方向性整理得更加平衡。

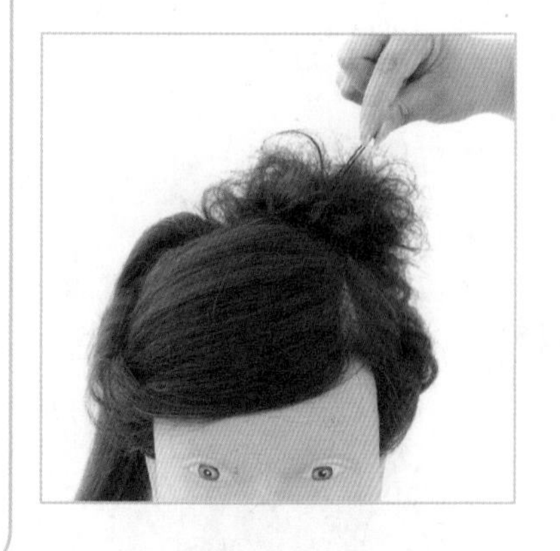

70. 将倒梳蓬起来的头发绕在U型夹上。

71. 在侧发区和后脑区确认倒梳卷的平衡性，而后用缠绕了不同位置发束的U型夹进行内固（※11）。

72. 头顶左侧一股辫的倒梳卷完成后的状态。

※11 将倒梳蓬起的头发绕在一起进行内固

想要让倒梳头发蓬起制作的倒梳卷或其他有体积感的卷集中起来，将蓬起的头发绕在U型夹上并进行内固比较好，既可以将动态的卷保持住，也可以固定住发梢。

73. 取头顶右侧的一股辫，和左侧的一股辫同样使用卷发棒调整卷度之后，用涂抹了定型剂的包发梳梳理发束。

74. 将发束提起到正上方并松缓地扭转。

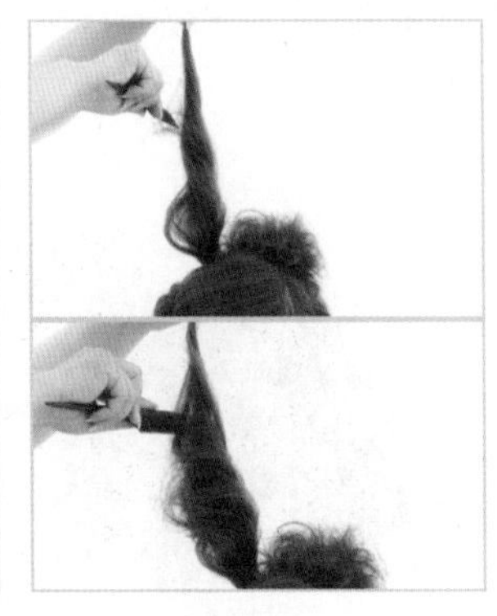

75. 与步骤 64~65 相同，倒梳头发使之蓬起。

76. 倒梳发束使之蓬起后，拿起发束的中间部分。一边确认倒梳卷的方向性，一边扭转发束，按在一股辫的发根处。

77. 用 U 型夹将按住的部分固定在发根上。

78. 一边调整发梢，使其配合倒梳卷散开，一边将倒梳卷的方向性整理得更加平衡。

79. 将倒梳蓬起来的头发绕在 U 型夹上，然后进行内固。最后确认整体倒梳卷的平衡性并进行调整。

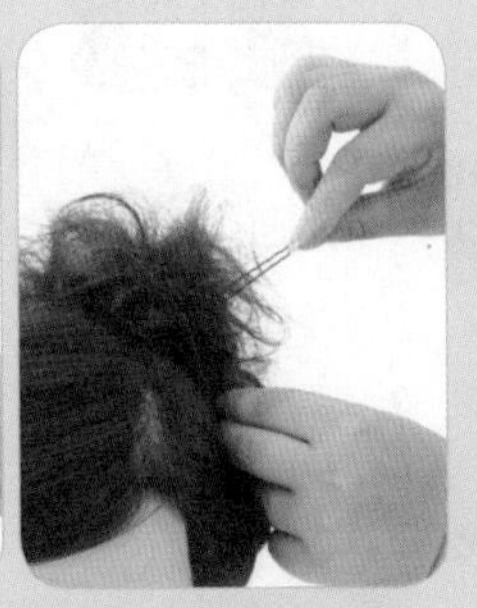

1. U 型夹带动着夹起的头发移动到各个位置和方向，使倒梳蓬起来的头发绕在一起。

2. 从上边插入 U 型夹。

3. 将 U 型夹向正侧面放平，推进去进行内固。

6.7 完成效果

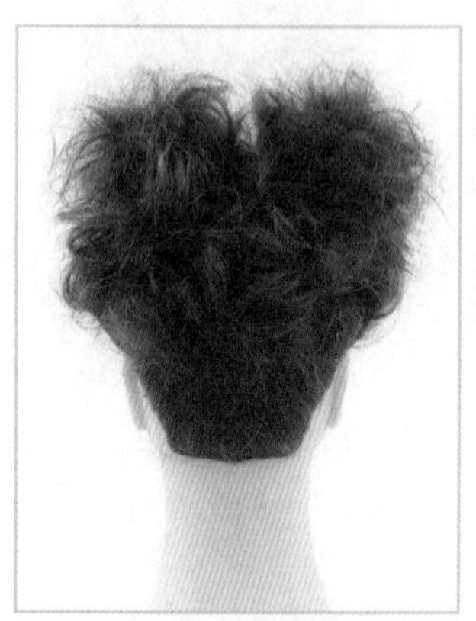

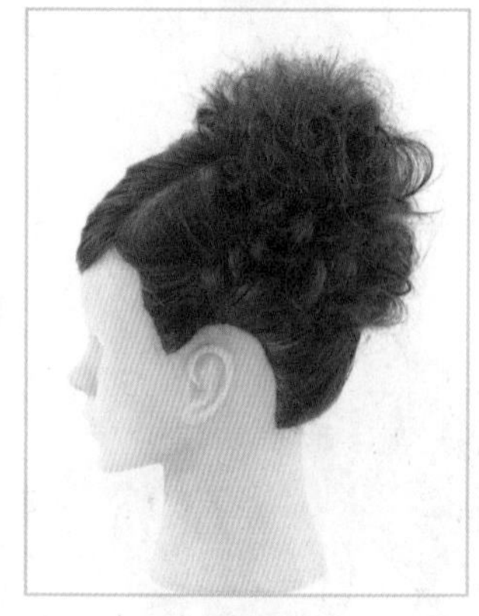

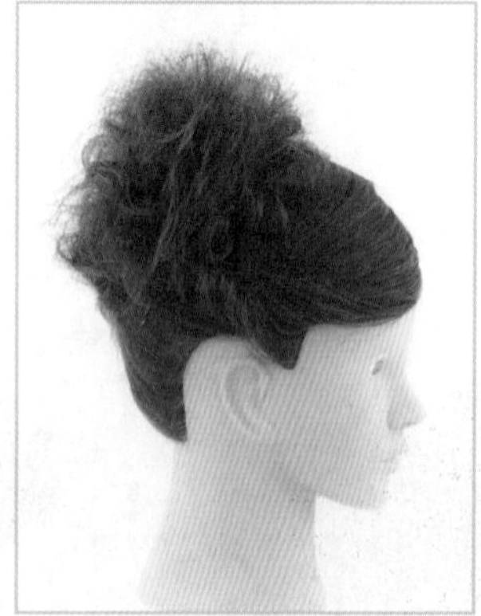

复习吧

了解倒梳卷的制作方法了吗?

要点是尖尾梳的移动方法。将梳齿充分地插入发束,不要用力过猛。用适中的力度使梳子向下倒梳的话,就会梳出富有轻盈感和体积感的倒梳卷。

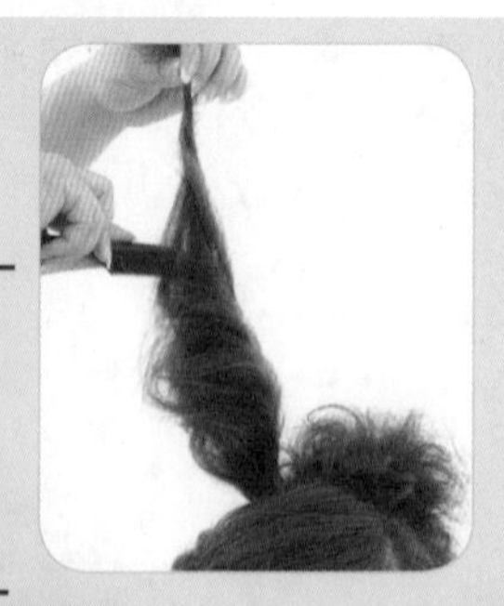

掌握环形卷的制作要领了吗?

环形卷是一边从扭转后的发束上进一步拉出细小的发束,一边用夹子固定。拉出的发束要具有平衡性,需要多加练习才能实现。

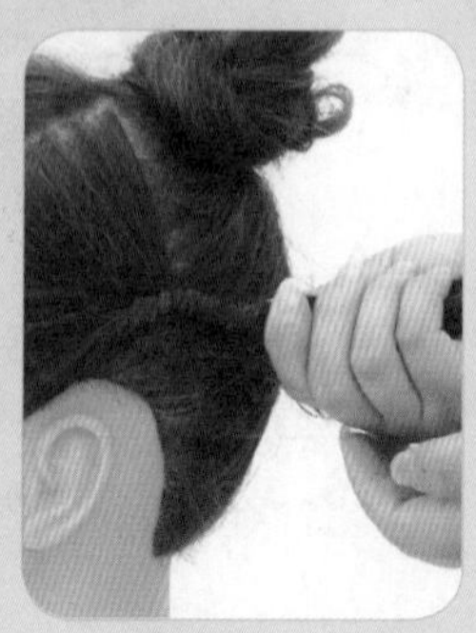

会制作重叠晚会盘发了吗?

和在第4章学到的扭转一股辫类似,向上提拉发束的时候,要相应地移动站立的位置,才能使后颈发际线处的头发保持紧绷、不松弛,同时也重复练习了在需要将后颈发际紧紧向上提拉时所使用的分区形状。

第7章 编发1

在第 7 章和第 8 章中将学习编发。第 7 章作为学习编发的前篇，解说了三股辫、三股双边添束辫、反三股辫、反三股双边添束辫四种编发方法。因为使用编发的发型在实际操作中非常受到大众的欢迎，所以在这里要认真记住编法，并试着在实践中逐一掌握。

7.1 造型介绍

制作发型的流程

将头发在头顶区前后分开，在后脑区集中成一股辫。从左侧发区起始做三股双边添束辫，中间开始做三股辫。从右侧发区起始做反三股双边添束辫，中间开始做反三股辫。进一步将后脑区的一股辫分成两部分，分别做三股辫和反三股辫，而后用夹子固定。

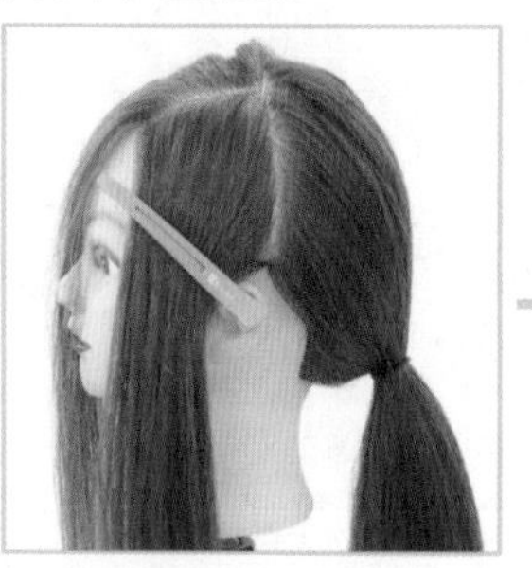

①将头发前后分开，后脑区扎成一股辫。

②从左侧发区起始做三股双边添束辫，中间开始做三股辫。

③从右侧发区起始做反三股双边添束辫，中间开始做反三股辫。

④将后脑区的一股辫分成两部分，分别做三股辫和反三股辫，用夹子固定。

学习要点

□掌握基本的编法

在各种各样的编法中，三股辫、反三股辫、三股双边添束辫、反三股双边添束辫是最基本的编发方法。记住基本的编发动作和正确的结构形状吧。

□学习使用编发的实例发型

各种各样的编法组合能够应用在广泛的发型设计上。掌握了编发的制作技术，能够进一步扩展发型设计的操作范围和深度。

三股辫 + 三股双边添束辫 + 反三股辫 + 反三股双边添束辫

在每个部分使用不同的编法，将这些不同的编法组合起来，形成一种独特而有变化的发型。一边区分不同编法的特征，一边记住各自的编法吧。

7.2 记住编法

三股辫（※1）

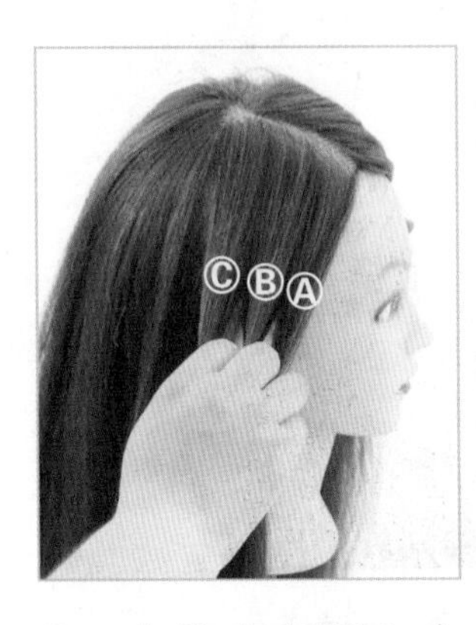

1. 在发束上插入食指和中指，将发束均等地分成三股。

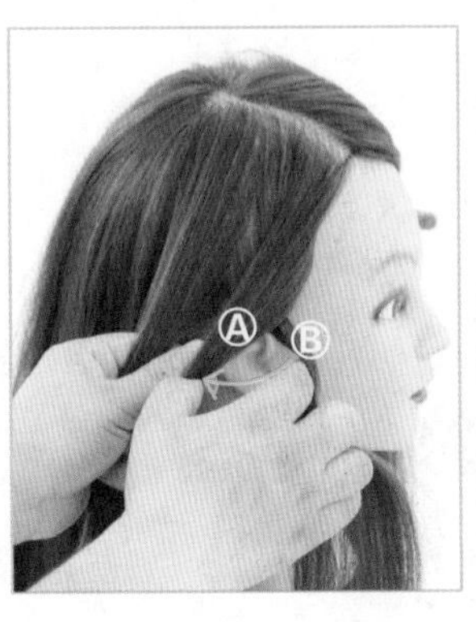

2. 将右侧的发束A向左交叉，压在中间的发束B之上。

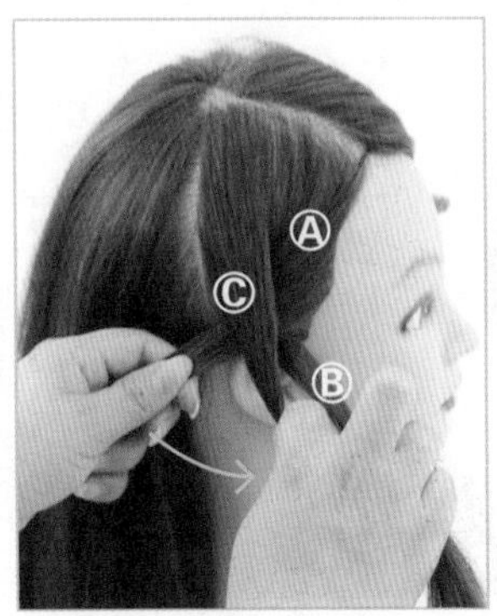

3. 将左侧的发束C向右交叉，压在发束A之上。

4. 用左手的拇指和食指捏住发束A和发束C的交叉部分，右手拿住发束B。

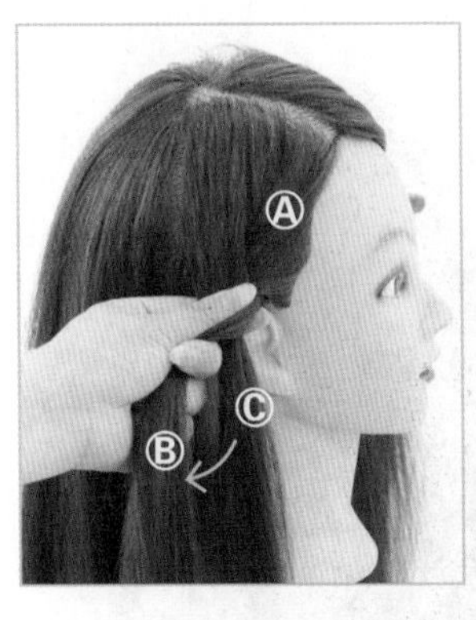

5. 将发束B向左交叉，压在发束C之上，用左手中指和无名指夹住发束B。

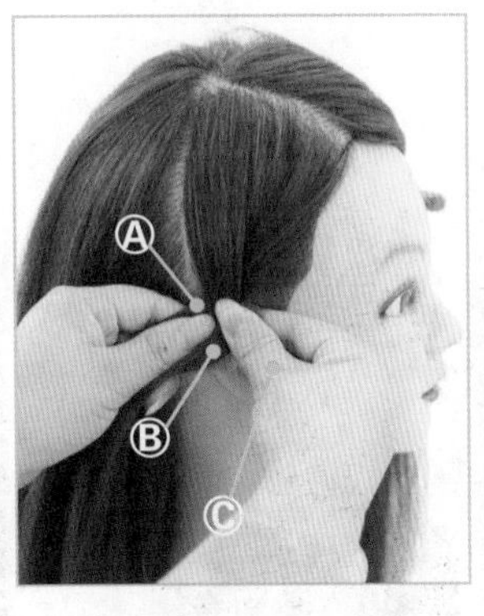

6. 用右手的拇指和食指捏住发束B和发束C的交叉部分。

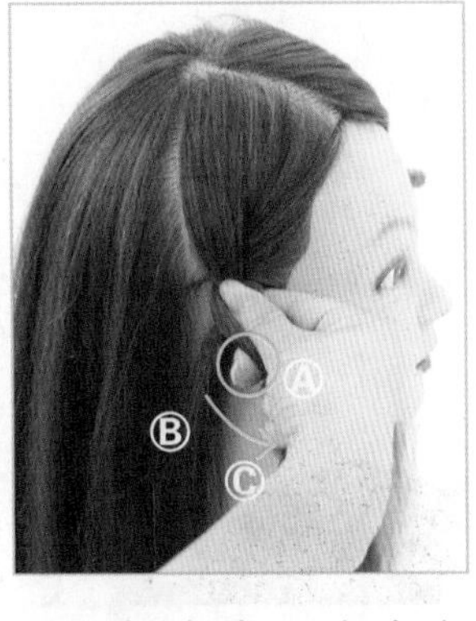

7. 将发束A向右交叉，压在发束B之上，用右手中指和无名指夹住发束A。

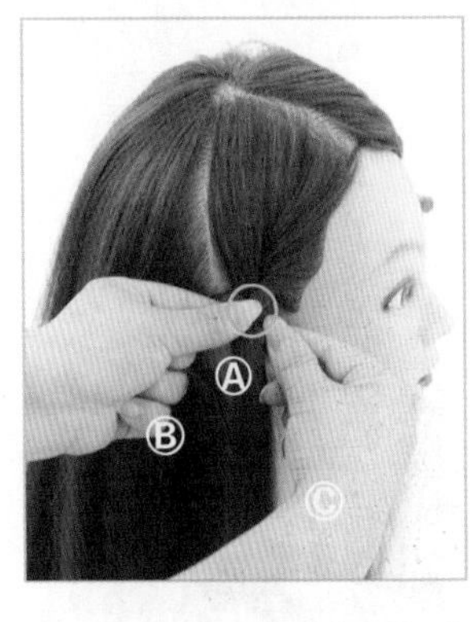

8. 用左手的拇指和食指捏住发束A和发束B的交叉部分。

※1 三股辫示意图

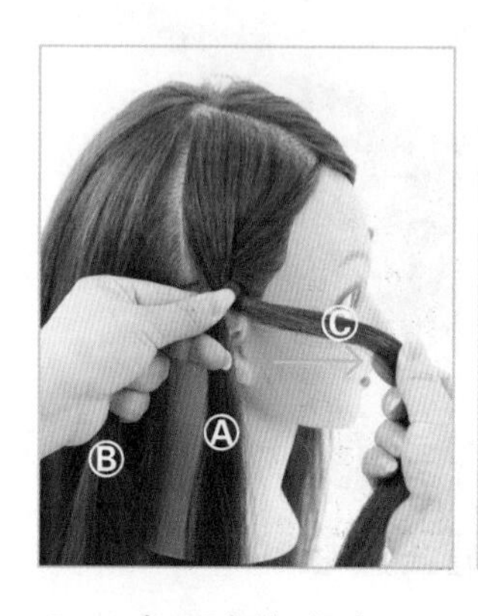

9. 右手拿住发束C。

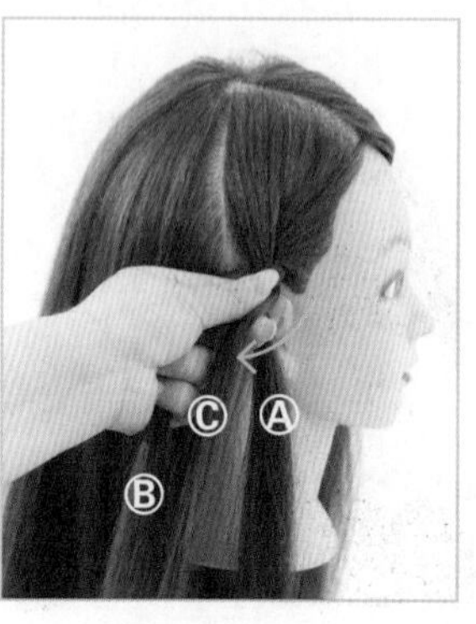

10. 将发束 C 向左交叉在发束 A 之上，用左手中指和无名指夹住发束 C。

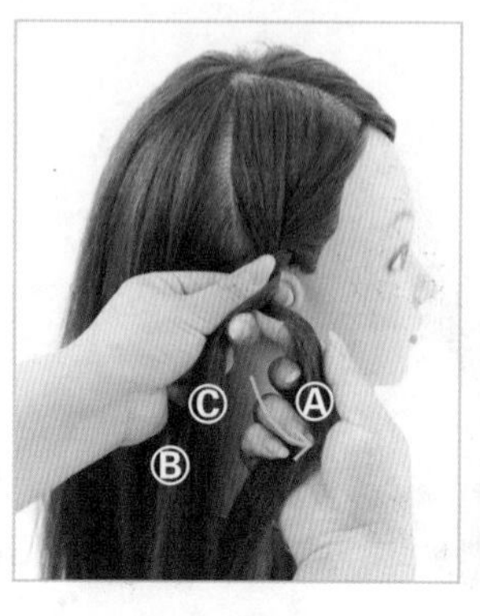

11. 右手拿住发束A。

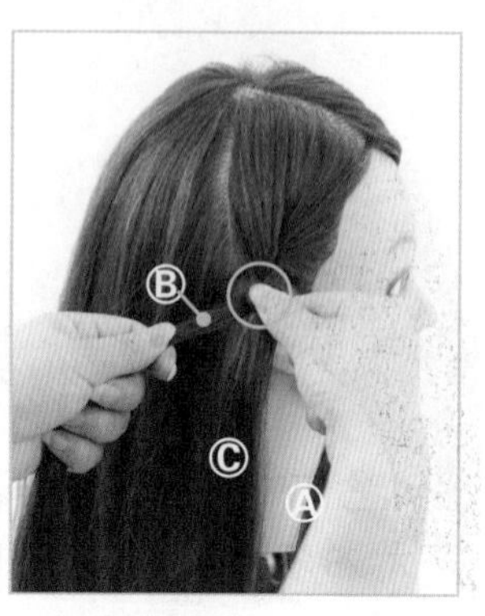

12. 用右手的拇指和食指捏住发束 A 和发束 C 的交叉部分，左手拿住发束 B。

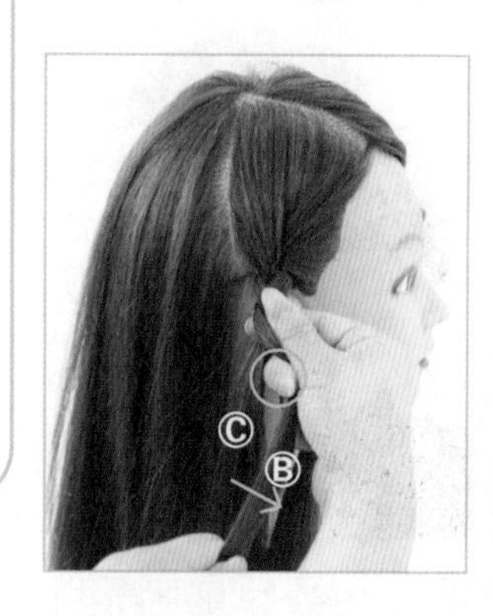

13. 将发束 B 向右交叉在发束 C 之上，用右手中指和无名指夹住发束 B。

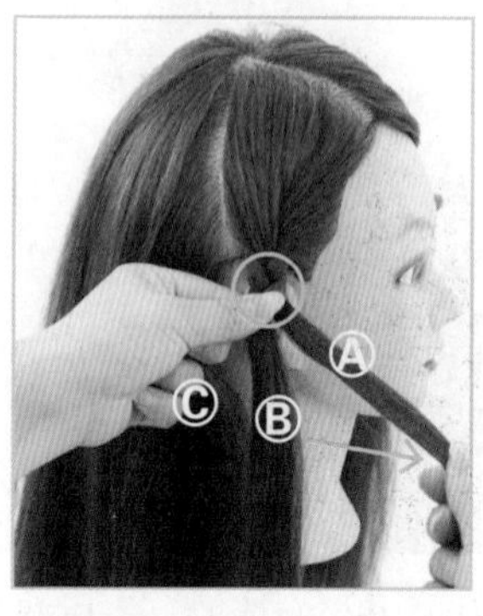

14. 用左手的拇指和食指捏住发束 A 和发束 B 的交叉部分，右手拿住发束 A。

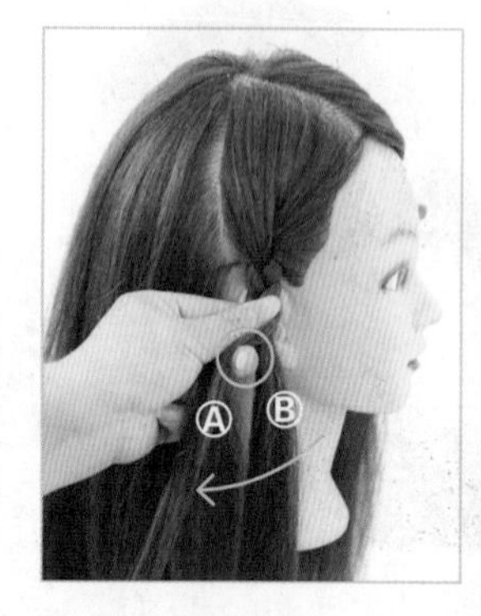

15. 将发束 A 向左交叉在发束B之上，用左手中指和无名指夹住发束 A。重复之前的编法，直至编到发梢，用橡皮筋扎起。

16. 三股辫完成的状态。

三股双边添束辫（※2）

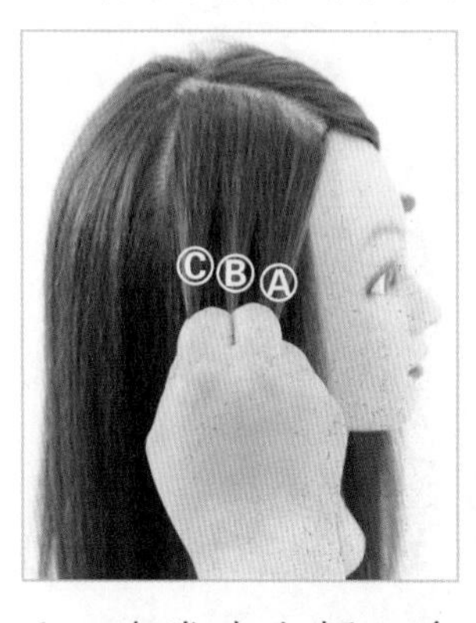

1. 在发束上插入食指和中指，将发束均等地分成三股。

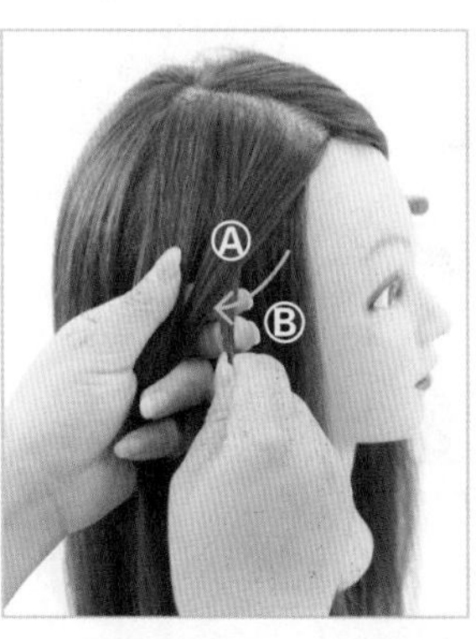

2. 将右侧的发束A向左交叉在中间的发束B之上。

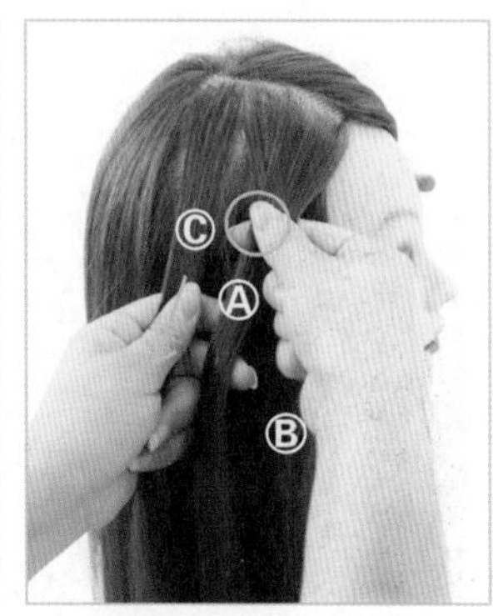

3. 用右手的拇指和食指捏住发束A和发束B的交叉部分，左手拿住发束C。

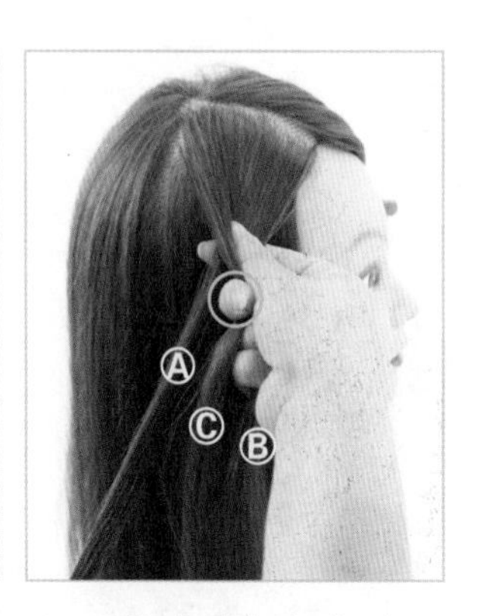

4. 将左侧的发束C向右交叉在发束A之上。

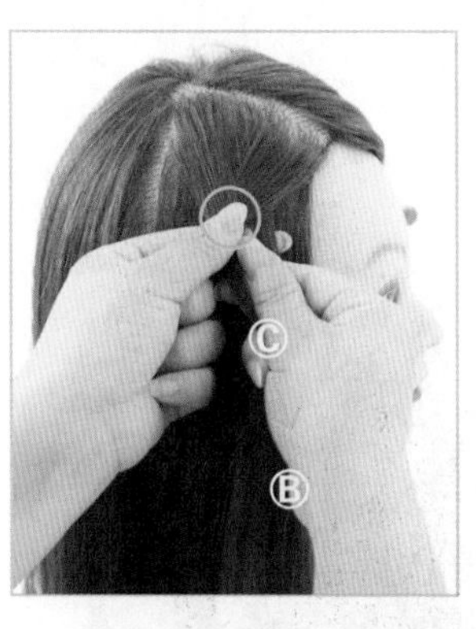

5. 用左手的拇指和食指捏住发束A和发束C的交叉部分，右手拿住发束B。

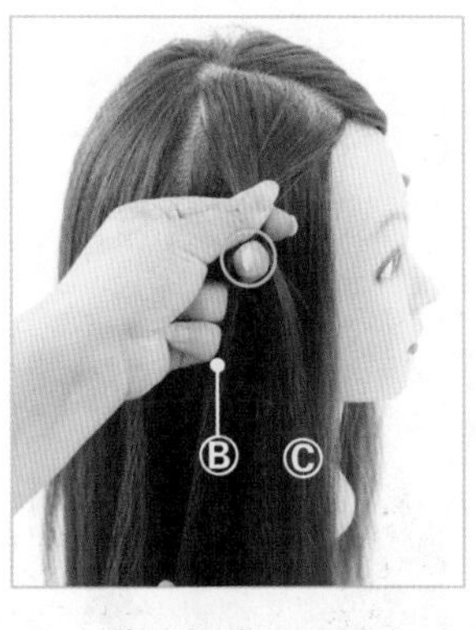

6. 将发束B向左交叉在发束C之上，用左手中指和无名指夹住发束B。

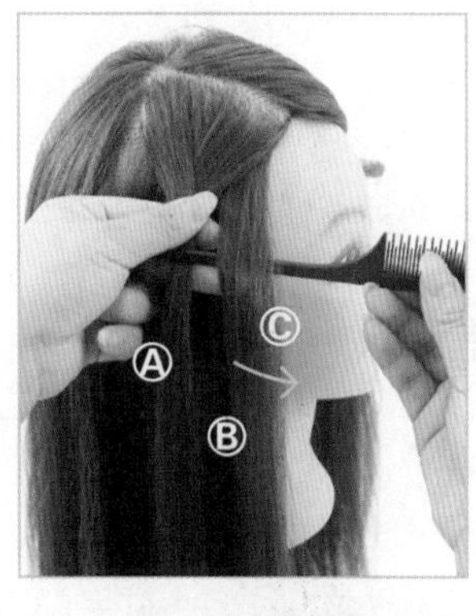

7. 左手掌握三股发束，右手使用尖尾梳的尾端在右侧挑起新的发束。

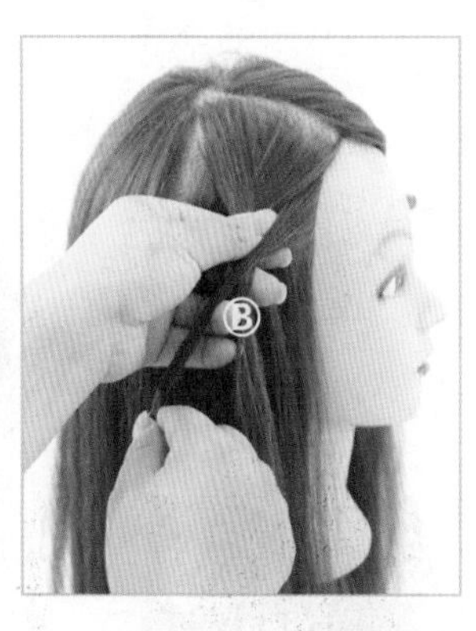

8. 将新的发束向左交叉在发束C之上，与原本的发束B合并，形成新的发束B，用左手中指和无名指夹住新的发束B。

※2 三股双边添束辫示意图

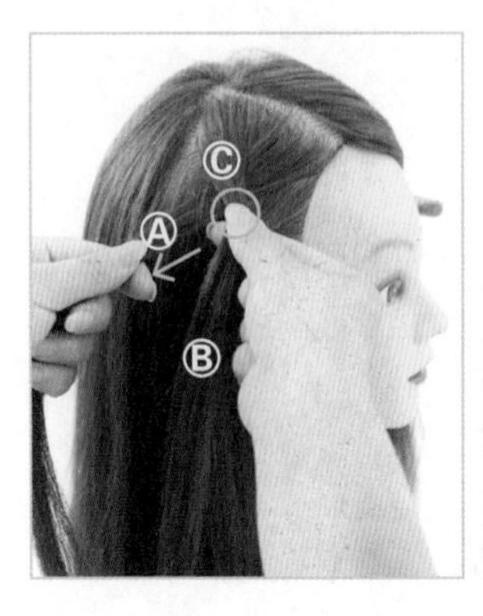

9. 用右手的拇指和食指捏住发束B和发束C的交叉部分，左手拿住发束A。

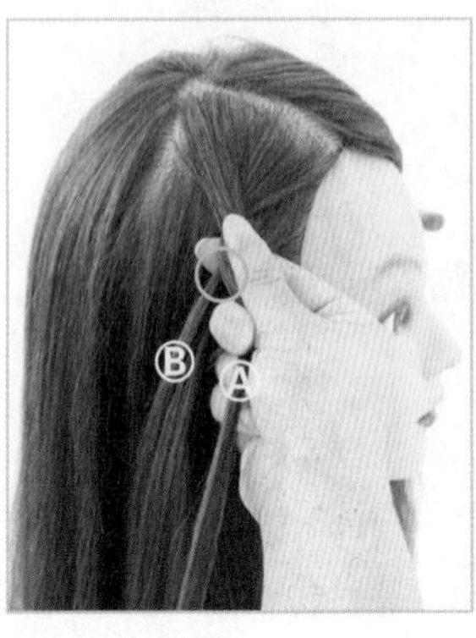

10. 将发束A向右交叉在发束B之上，用右手中指和无名指夹住发束A。

11. 右手掌握三股发束，左手使用尖尾梳的尾端在左侧挑起新的发束。

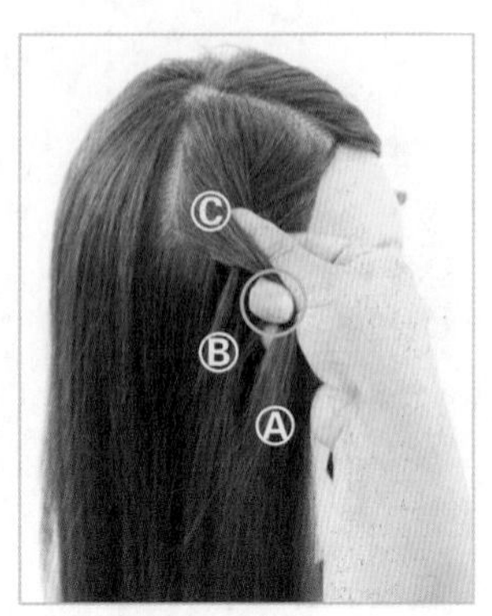

12. 将新的发束向右交叉在发束B上，与原本的发束A合并，形成新的发束A，用左手中指和无名指夹住新的发束A。

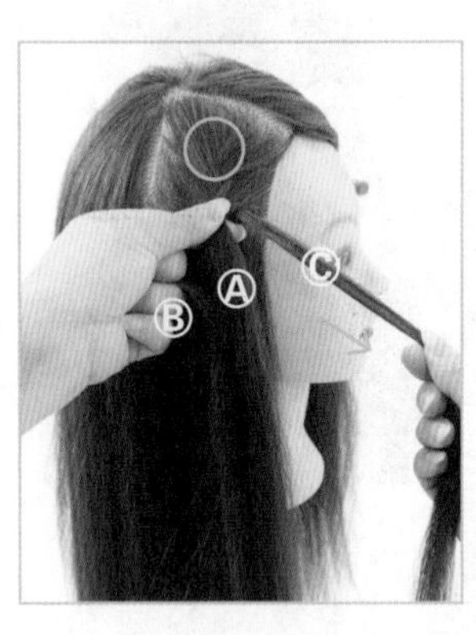

13. 用左手的拇指和食指捏住发束A和发束B的交叉部分，右手拿住发束C。

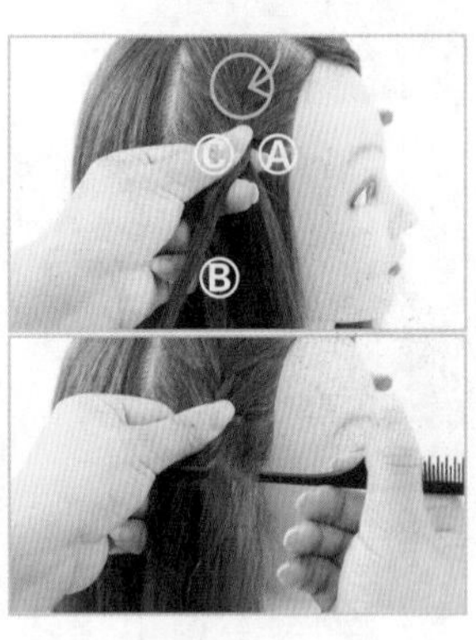

14. 将发束C向左交叉在发束A之上，用左手中指和无名指夹住发束C。左手掌握三股发束，右手使用尖尾梳的尾端在右侧挑起新的发束。

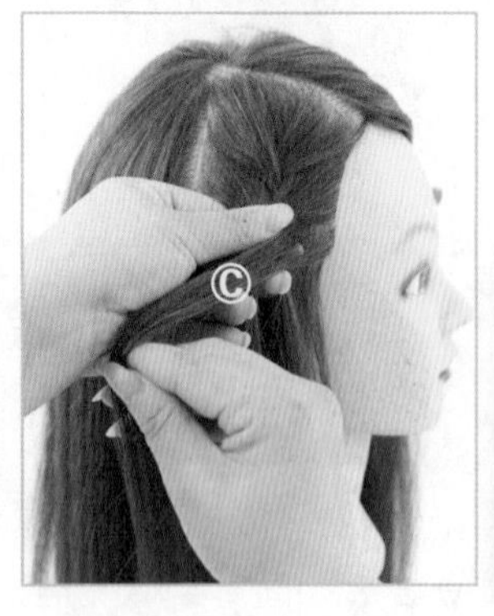

15. 将新的发束向左交叉在发束A之上，与原本的发束C合并，形成新的发束C，用左手中指和无名指夹住新的发束C。

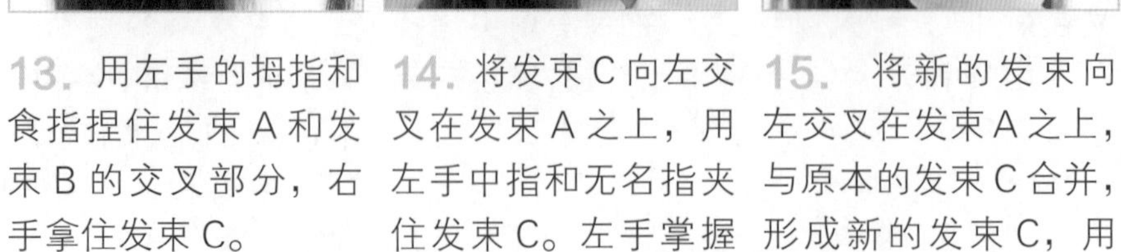

16. 重复编发操作，直至三股双边添束辫完成状态。

反三股辫（※3）

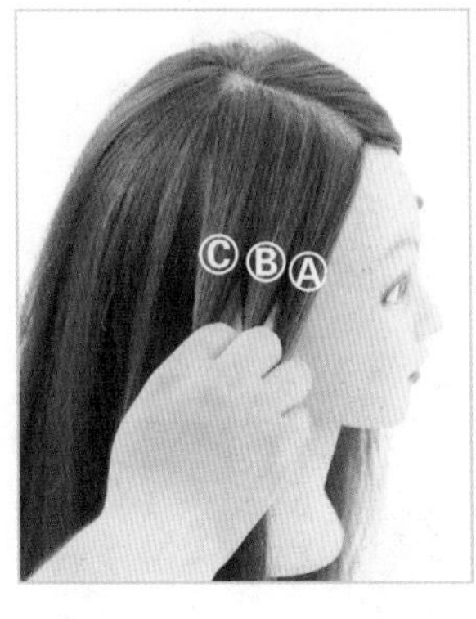

1. 在发束上插入食指和中指，将发束均等地分成三股。

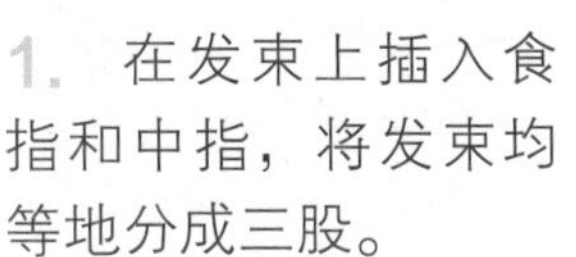

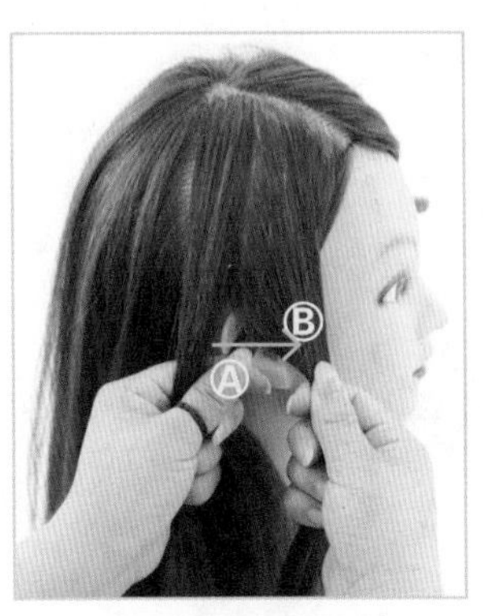

2. 将右侧的发束A向左交叉在中间的发束B之下，左手拿住发束C。

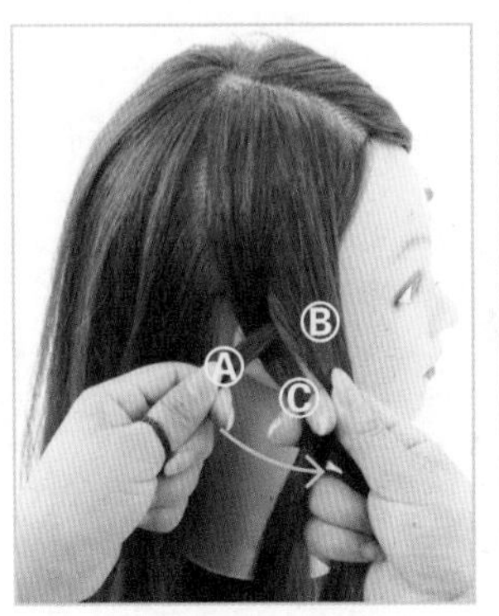

3. 将左侧的发束C向右交叉在发束A之下。

4. 用左手的拇指和食指捏住发束A和发束C的交叉部分。

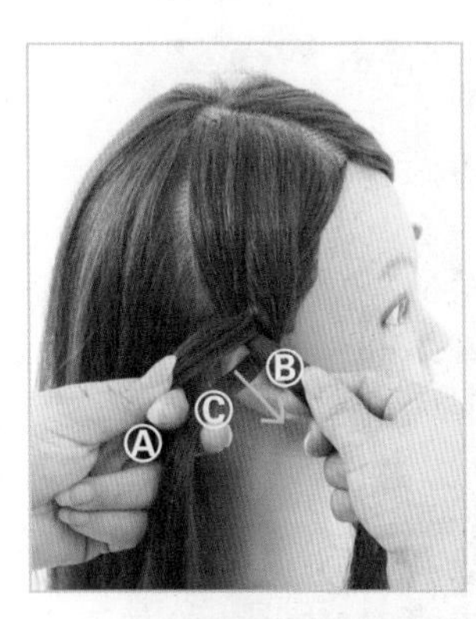

5. 右手拿住发束B。

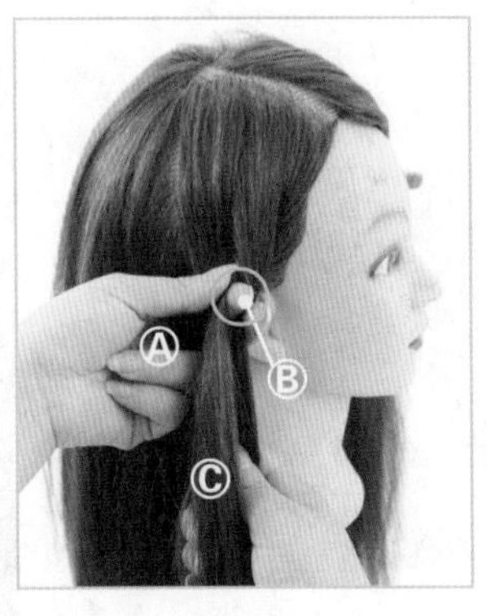

6. 将发束B向左交叉在发束C之下，用左手中指和无名指夹住发束B。

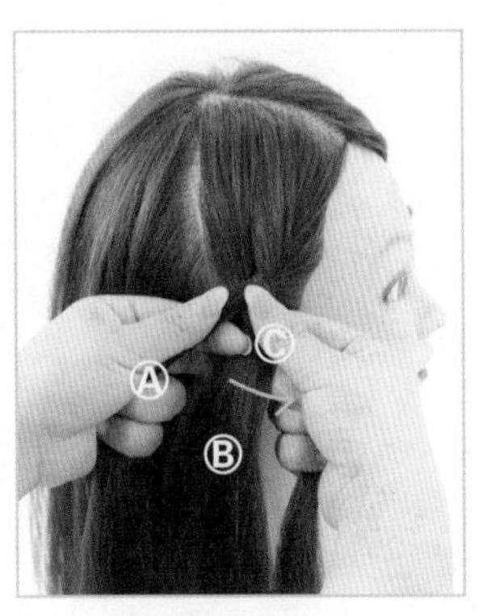

7. 右手拿住发束C。

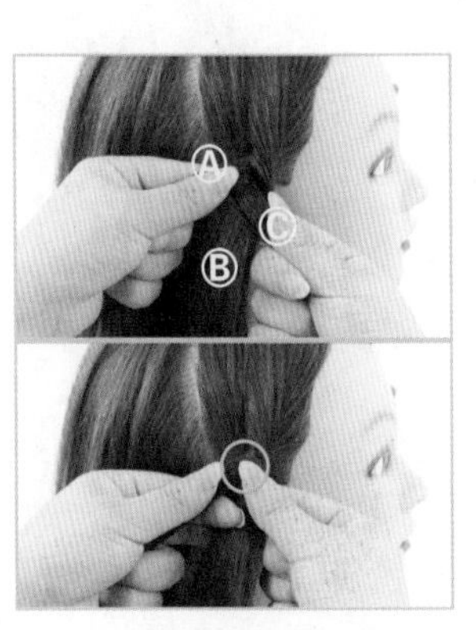

8. 用右手的拇指和食指捏住发束B和发束C的交叉部分。

7.2 记住编发

※3 反三股辫示意图

1 C B A

2 C B A

3 C B A

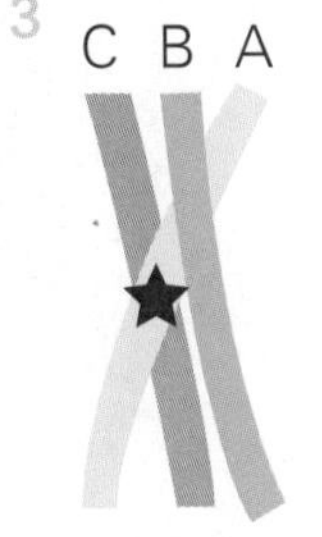

4 C B A

5 C B A

6 C B A

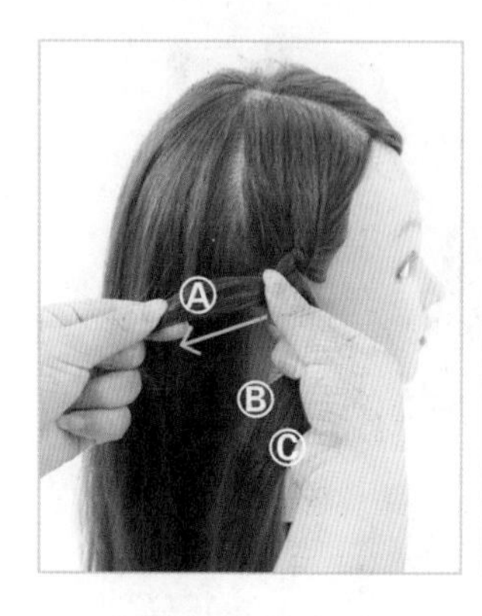

9. 左手拿住发束A。

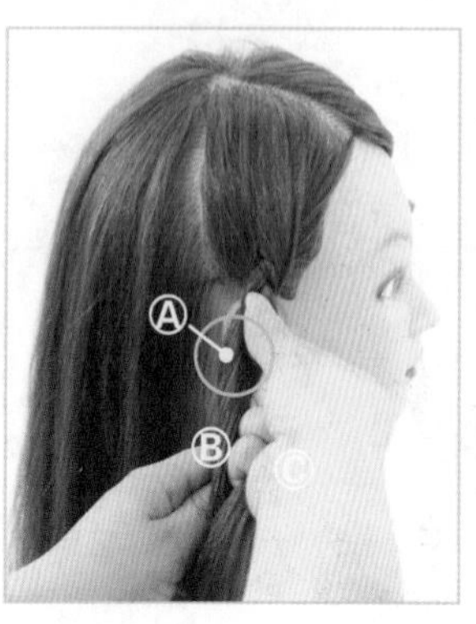

10. 将发束A向右交叉在发束B之下，用右手中指和无名指夹住发束A。

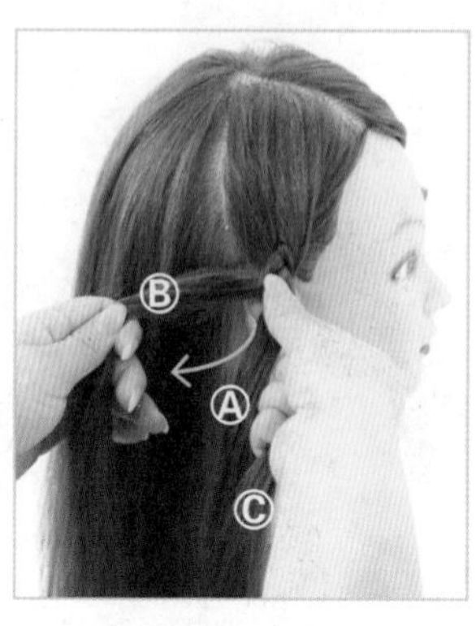

11. 左手拿住发束B。

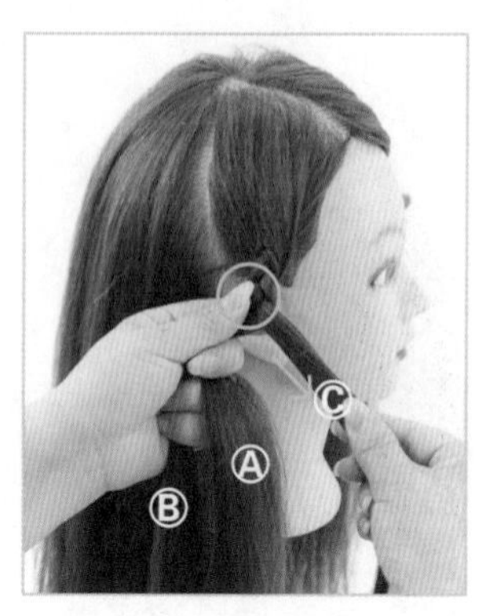

12. 用左手的拇指和食指捏住发束A和发束B的交叉部分，右手拿住发束C。

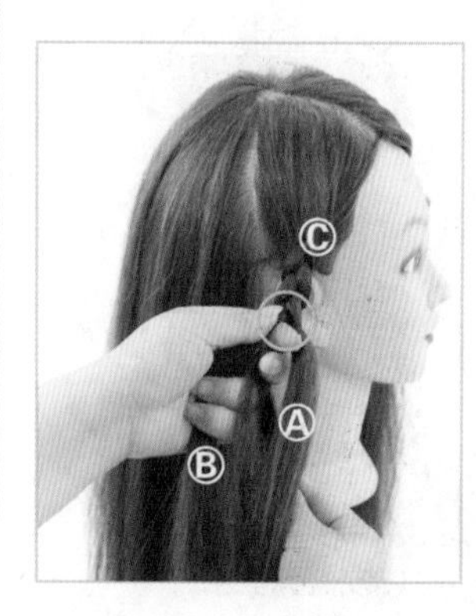

13. 将发束C向左交叉在发束A之下，用左手中指和无名指夹住发束C。

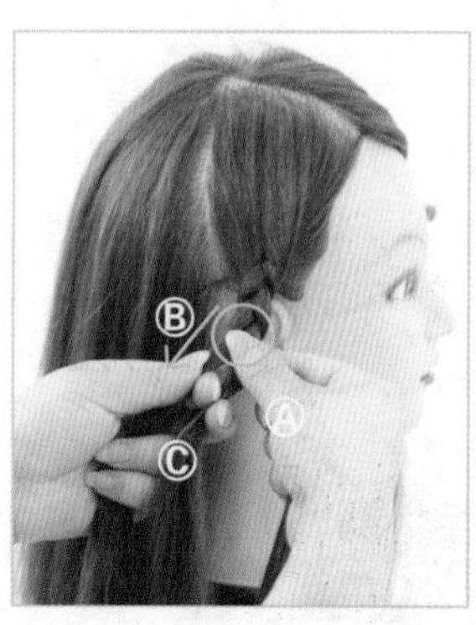

14. 用右手的拇指和食指捏住发束A和发束C的交叉部分，左手拿住发束B。

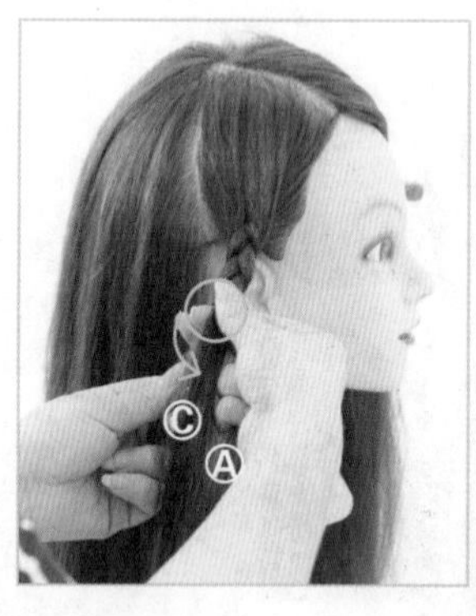

15. 将发束B向右交叉在发束C之下，用右手中指和无名指夹住发束B。重复之前的编法，直至编到发梢，用橡皮筋扎起。

16. 反三股辫完成的状态。

反三股双边添束辫（※4）

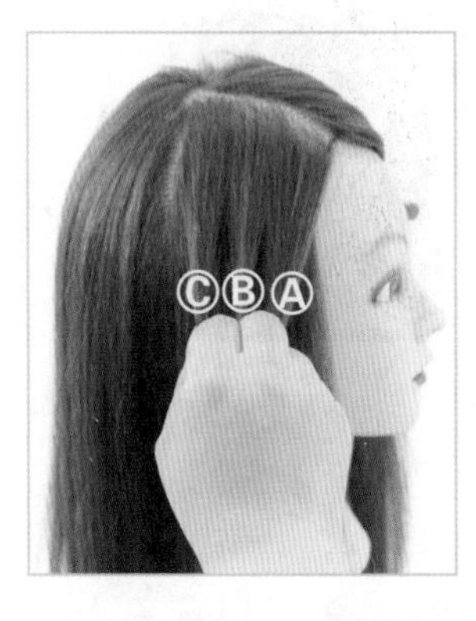

1. 在发束上插入食指和中指，将发束均等地分成三股。

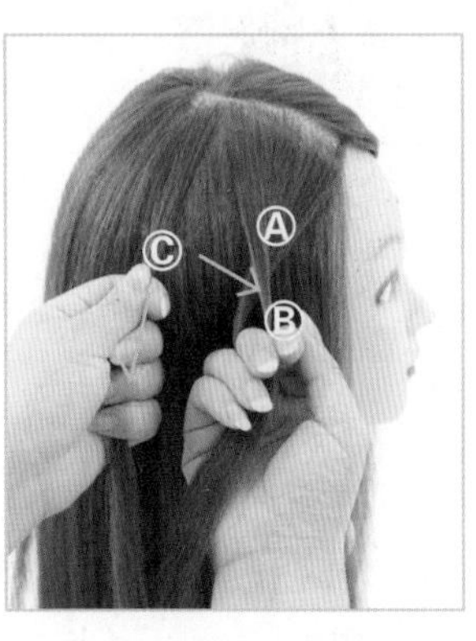

2. 将右侧的发束 A 向左交叉在中间的发束 B 之下，左手拿住发束 C。

3. 用右手的拇指和食指捏住发束 A 和发束 B 的交叉部分。

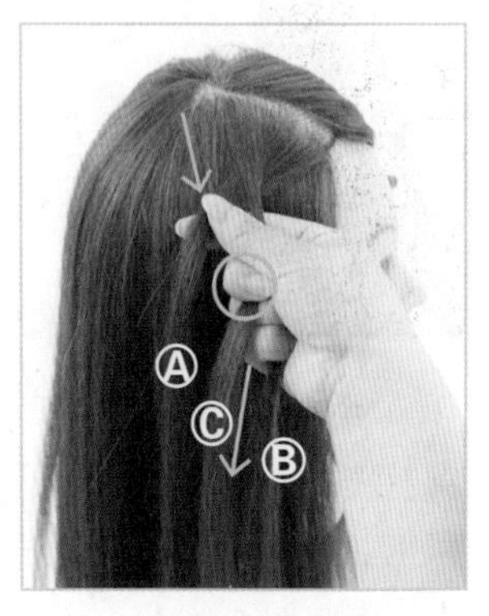

4. 将左侧的发束 C 向右交叉在发束 A 之下，用右手中指和无名指夹住发束 C。

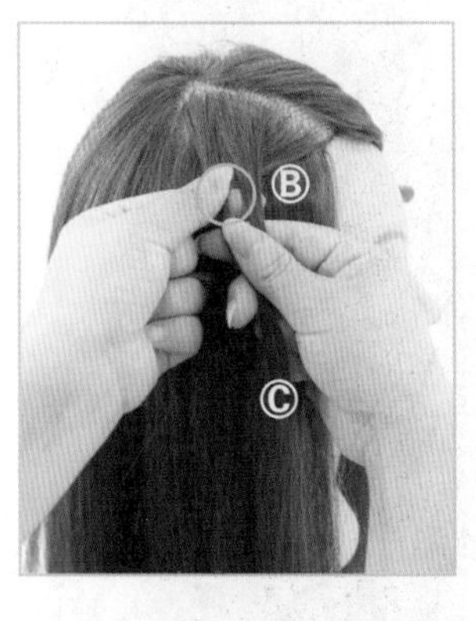

5. 用左手的拇指和食指捏住发束 A 和发束 C 的交叉部分。

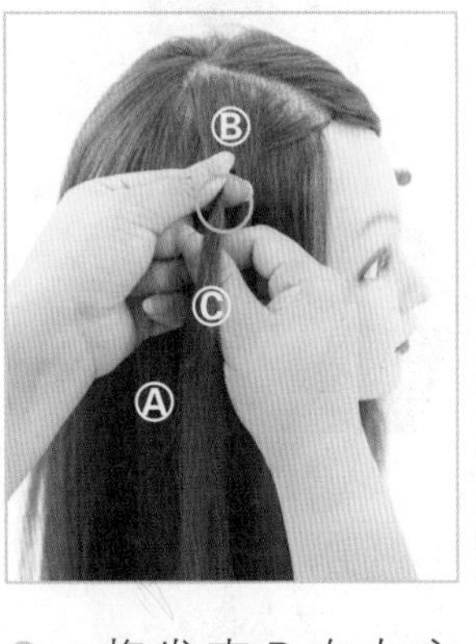

6. 将发束 B 向左交叉在发束 C 之下，用左手中指和无名指夹住发束 B。

7. 左手掌握三股发束，右手使用尖尾梳的尾端在右侧挑起新的发束。

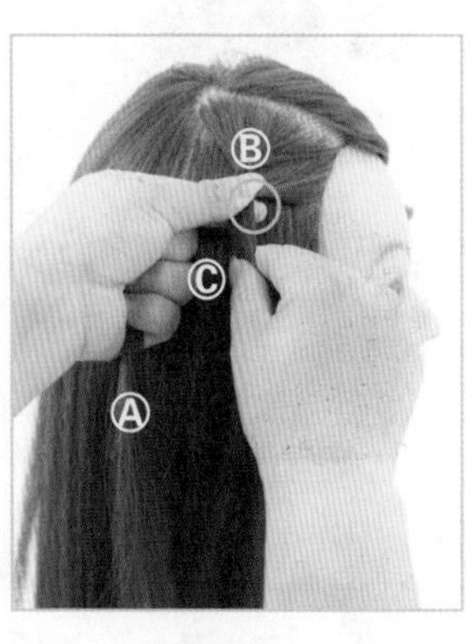

8. 将新的发束向左交叉在发束 C 之下，与原本的发束 B 合并形成新的发束 B，用左手中指和无名指夹住新的发束 B。

※4 反三股双边添束辫示意图

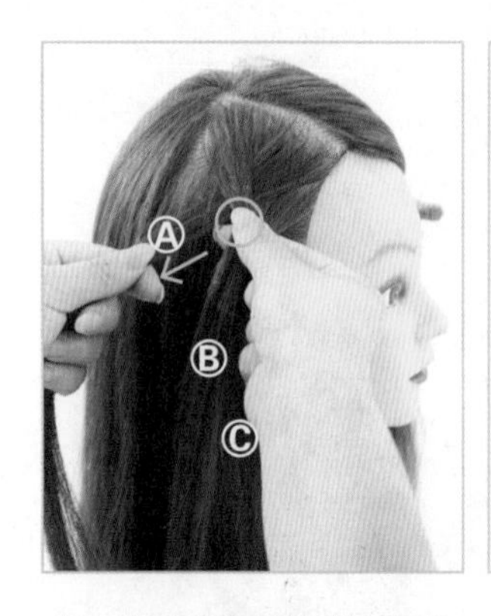

9. 用右手的拇指和食指捏住发束B和发束C的交叉部分，左手拿住发束A。

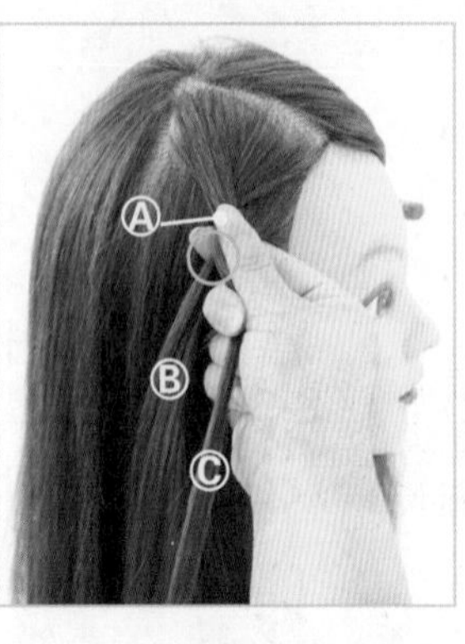

10. 将发束A向右交叉在发束B之下，用右手中指和无名指夹住发束A。

11. 右手掌握三股发束，左手使用尖尾梳的尾端在左侧挑起新的发束。

12. 将新的发束向右交叉在发束B之下，与原本的发束A合并，形成新的发束A，用左手中指和无名指夹住新的发束A。

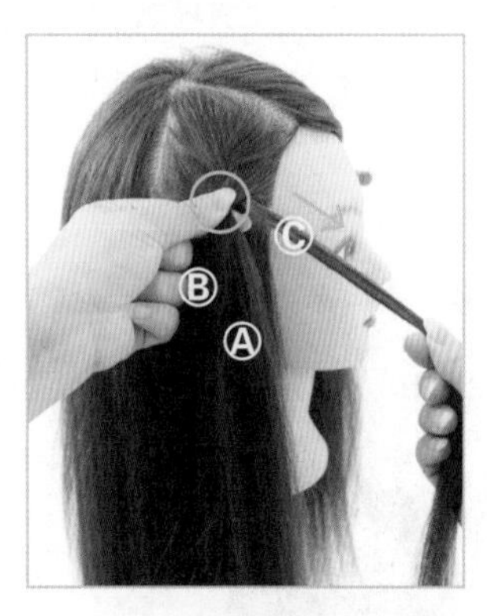

13. 用左手的拇指和食指捏住发束A和发束B的交叉部分，右手拿住发束C。

14. 将发束C向左交叉在发束A之下，用左手中指和无名指夹住发束C。左手掌握三股发束，右手使用尖尾梳的尾端在右侧挑起新的发束。

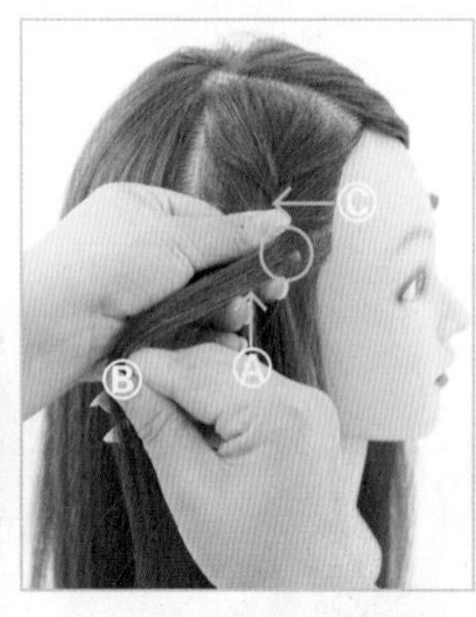

15. 将新的发束向左交叉在发束A之下，与原本的发束C合并，形成新的发束C，用左手中指和无名指夹住新的发束C。重复之前的编法直至扎起。

16. 反三股双边添束辫完成的状态。

※5 分区的方法

在这里，将头顶分区线向后稍微偏移。这样做的话，后脑区的头发不会太多，能够更加平衡地完成整个发型结构。

※6 橡皮筋的打结处

在后脑区较低的位置制作一股辫，则侧发区和头顶区的头发一般无法将橡皮筋掩盖隐藏，所以将橡皮筋的打结处置于下方会比较好。

7.3 编左侧发区

从本页开始，进入发型制作。

1. 以耳朵后上方和头顶黄金点的连线为界，将头发前后分开。在前额区以左侧黑眼珠向上的延长线为界将头发左右分区（※5），而后用S形包发梳梳理后脑区发束。

2. 进一步使用尖尾梳进行梳理。

3. 在距离后脑区下方发际线5厘米左右位置用橡皮筋扎起一股辫（※6、7）。

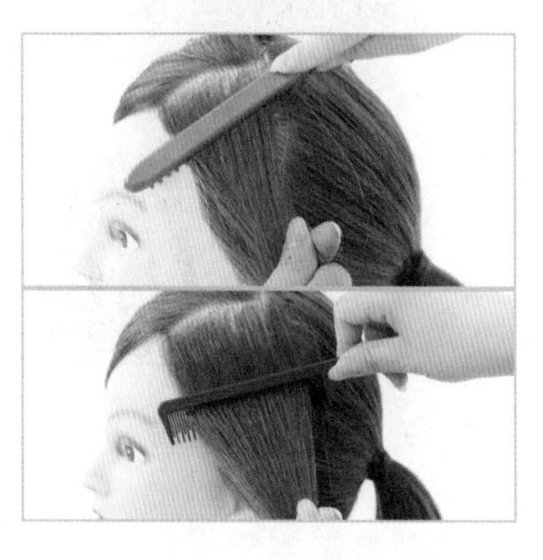

4. 取左侧发区的发束，用涂抹了定型剂的包发梳梳理。之后再使用尖尾梳梳理，整理头发的走向。

5. 以左右侧发区的分区线上距前额发际线约5厘米的位置为起点，向前额区斜下方画线，分取发束。

6. 在分取的发束上插入食指和中指，将发束均等地分成三股。

※7 发量较多时的打结方法

发量较多的情况下，用一根橡皮筋打结的话，有时容易变松，可以使用两根橡皮筋来牢牢地固定。

7. 采用三股双边添束辫的编法，在左侧发区分取出的发束上编出三股双边添束辫（※8），整体方向要偏向斜后方。

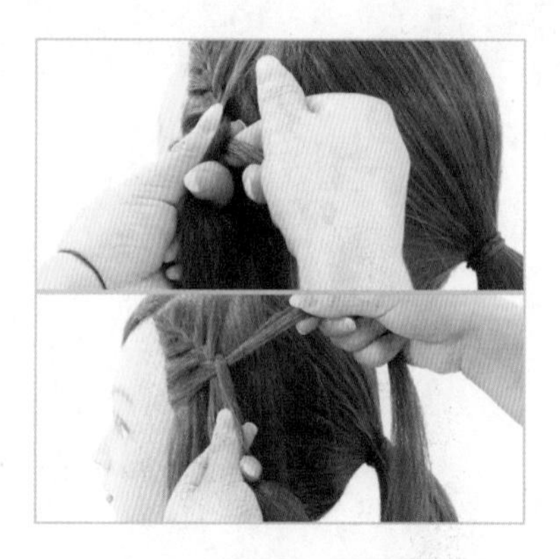

8. 编至步骤 1 中的头顶分区线的位置时，变为开始做三股辫的编法（※9）。

9. 编三股辫，直至发梢用橡皮筋扎起为止。

10. 将做成三股辫的发束向后脑区的一股辫发根处带去，使用 U 型夹固定住三股辫发束的中间部分。

11. 将三股辫发束覆盖在一股辫的橡皮筋上，并绕过一股辫，到其右侧为止，用 U 型夹固定住。

12. 左侧发区的完成效果。

※8 制作编发时的注意点

做编发的时候，注意捏住交叉发束的手指和拿住发束的手指都要贴着头皮。如果手指过于远离头皮，编出的发辫会松散。

×

手指都贴着头皮进行编发的话，可以编出牢固紧凑的发辫。

✓

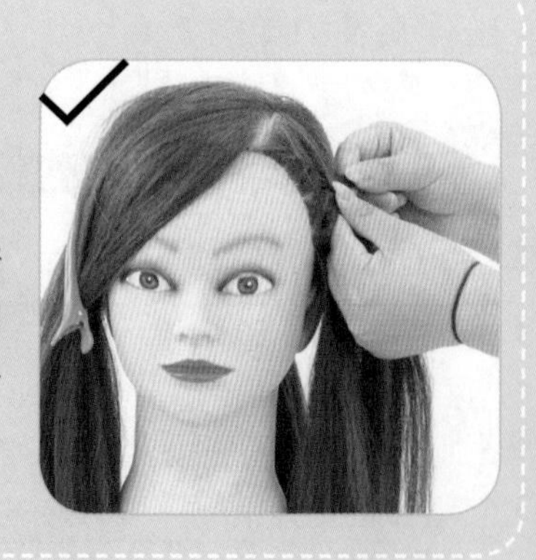

7.4 编右侧发区

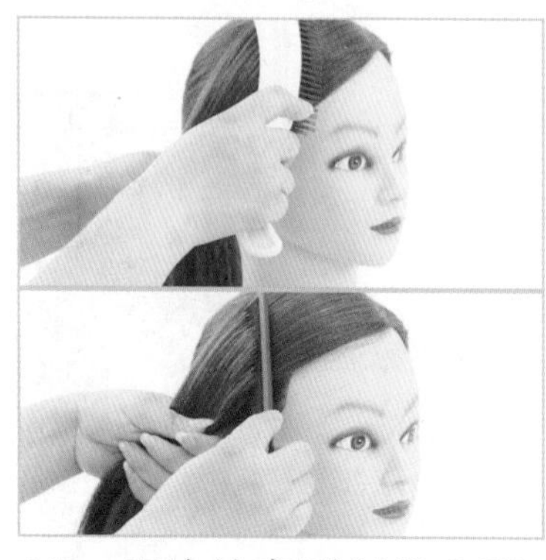

13. 用涂抹定型剂的 S 形包发梳梳理右侧发区发束，之后再用尖尾梳进行深入的梳理。

14. 以右侧黑眼珠向上的延长线和发际线的交点为起点，以左右侧发区的分区线上距前额发际线约 5 厘米的位置为终点，使用尖尾梳的尾部分取发束。

15. 在分取的发束上做反三股双边添束辫。

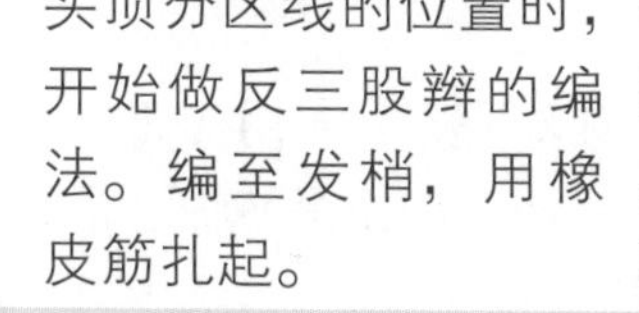

16. 编至步骤 1 中的头顶分区线的位置时，开始做反三股辫的编法。编至发梢，用橡皮筋扎起。

17. 将做成反三股辫的发束向后脑区的一股辫发根处带去，使用 U 型夹固定住反三股辫发束的中间部分。

18. 将反三股辫发束覆盖在一股辫的橡皮筋上，并绕过一股辫，到其左侧为止，用 U 型夹固定住。

19. 将两侧发区的编发分别缠绕在后脑区一股辫的发根上并使用 U 型夹固定。

※9 基础的取发方法

如果将发束向斜后方进行编发的话，为了配合其方向性，抽取新的发束时也要从斜后方进行。

7.5 编后脑区的一股辫

20. 取后脑区的一股辫发束，用 S 形包发梳梳理。

21. 将发束均等地分成两部分。

22. 左侧发束做三股辫，至发梢，用橡皮筋扎起来。

23. 右侧发束做反三股辫，至发梢，用橡皮筋扎起来。

24. 将做成了三股辫的左侧发束向左侧发区提拉，在左耳后用 U 型夹固定住。

25. 将步骤 24 中用 U 型夹固定后余下的发尾向后脑区右侧折回。

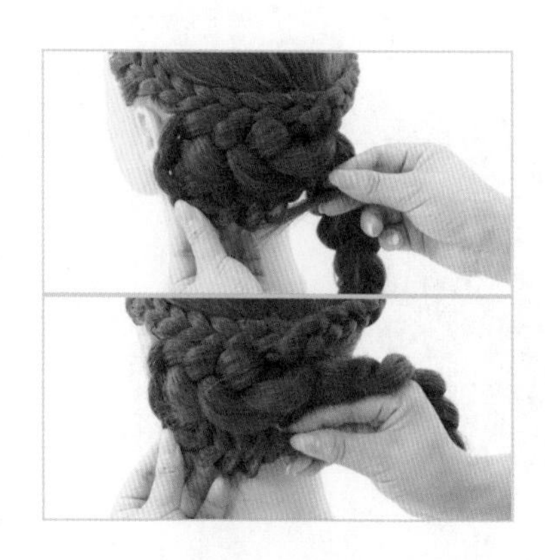

26. 将左侧三股辫的发梢从下方放进一股辫发根的内侧。

27. 用 U 型夹将左侧三股辫的发梢固定在一股辫发根的内侧。

28. 将做成了反三股辫的右侧发束向右侧发区提拉，在右耳后用 U 型夹固定住。

29. 将步骤 28 中用 U 型夹固定后余下的发尾向后脑区左侧折回。

30. 将右侧反三股辫的发梢从下方放进一股辫发根的内侧。

31. 用 U 型夹将右侧反三股辫的发梢固定在一股辫发根的内侧。

7.6 完成效果

复习吧 学会本章的四种编发方法了吗?

三股辫

三股双边添束辫

反三股辫

反三股双边添束辫

要编出漂亮的发辫，发束重叠时的手指运用也是要点。想要流畅地重复编发操作，就必须熟练掌握拿发束的手指的运用方法。

7.7 拉松编发的效果

1. 在左侧发区做三股双边添束辫 + 三股辫，在右侧发区做反三股双边添束辫 + 反三股辫。后脑区的一股辫分两束，左侧做三股辫，右侧做反三股辫。

2. 在左侧发区，左手捏住发束的中间部分，右手将做了三股双边添束辫的发束一点一点拉出细小的发束（※10）。

3. 做了三股辫的后半部分发束也一点一点拉出细小的发束。

4. 将左侧发区编发拉松的状态。

5. 将右侧发区的编发也一点一点拉出细小的发束，可以从后半部分的反三股辫开始。

6. 将前半部分的反三股双边添束辫也一点一点拉出细小的发束。

※10 将编发拉松的方法

在进行编发拉松的调整时，这里采用了左侧发区从发根开始、右侧发区从发梢开始拉出发束，但在实际操作中，无论从哪里开始都是可以的。层次比较丰富时，从发根开始比较容易拉出。因此要根据整体发型进行操作，这都需要在实践中积累经验。

7. 将右侧发区编发拉松的状态。

8. 后脑区一股辫左侧的三股辫也一点一点拉出细小的发束。

9. 后脑区一股辫右侧的反三股辫也同样，一点一点拉出细小的发束。

10. 将左侧发区的三股辫向后脑区的一股辫发根处带去，使用U型夹固定住三股辫发束的中间部分。

11. 将三股辫发束覆盖在一股辫的橡皮筋上，并绕过一股辫，到其右侧为止，用U型夹固定住。

12. 将右侧发区的反三股辫向后脑区的一股辫发根处带去，使用U型夹固定住反三股辫发束的中间部分。

13. 将反三股辫发束覆盖在一股辫的橡皮筋上，并绕过一股辫，到其左侧为止，用U型夹固定住。

14. 将两侧发区的编发分别缠绕在后脑区一股辫的发根上，并使用U型夹固定。将后脑区做三股辫的左侧发束向左侧发区提拉，在左耳后用U型夹固定。

15. 将步骤14中用U型夹固定后余下的发尾向后脑区右侧折回，并从下方放进一股辫发根的内侧，用U型夹固定。

16. 将后脑区做反三股辫的右侧发束向右侧发区提拉，在右耳后用U型夹固定。

17. 将步骤16中用U型夹固定后余下的发尾向后脑区左侧折回，并从下方放进一股辫发根的内侧，用U型夹固定。

18. 完成效果。

7.8 效果对比

对发型进行拉出发束、使整体变松动之后，整个发型给人的印象和视觉效果也发生了一定的变化，原本比较紧凑整齐的编发看起来较为古典雅致，形式上也较为密集牢固，而调整之后的发型则显得更加休闲，略带俏皮的味道。

前额区和头顶区的变化

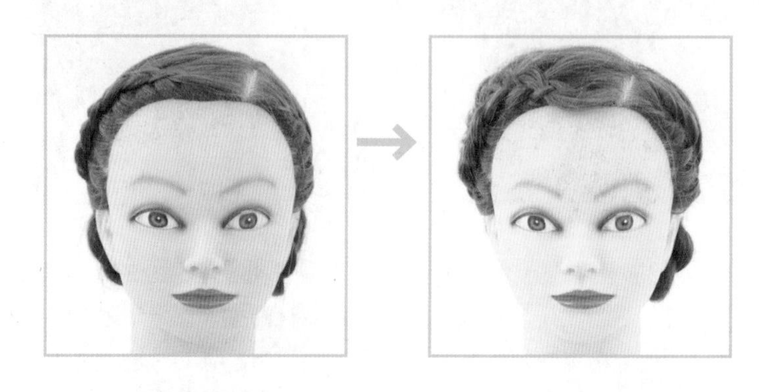

右侧发区的变化

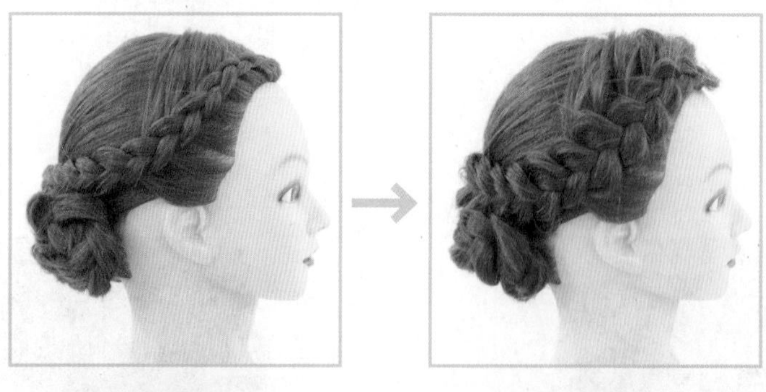

后脑区的变化

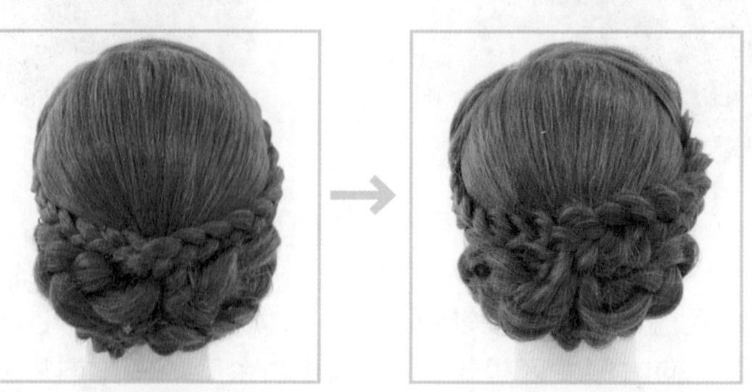

左侧发区的变化

第8章 编发2

第 8 章作为学习编发的后篇，讲解了鱼骨辫、鱼骨双边添束辫、右交叉左扭转绳索辫、左交叉右扭转绳索辫四种编发方法。和在第 7 章中学到的编法不同，本章所学的编发手法又稍微发生了一些变化。记住各种各样的编法，掌握更多的发型设计技术吧。

8.1 造型介绍

制作发型的流程

先分出刘海的区域，而后将后脑区分为上、中、下三段。刘海做鱼骨双边添束辫和鱼骨辫，后脑区上段做右交叉左扭转绳索辫、中段做左交叉右扭转绳索辫、下段制作向前的螺旋卷，而后分别用夹子固定。

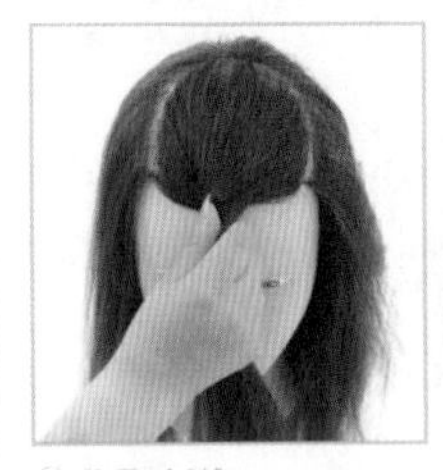
①分取刘海。

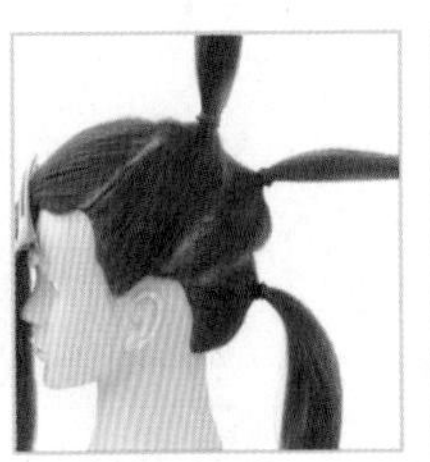
②将后脑区分成三段，分别扎起来。

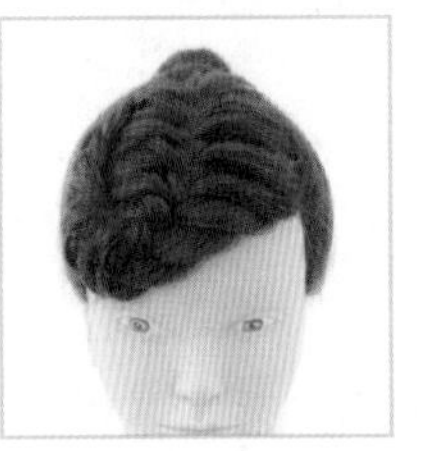
③刘海做鱼骨双边添束辫，从中间开始做鱼骨辫。

④后脑区上段做右交叉左扭转绳索辫，用夹子固定。

⑤后脑区中段做左交叉右扭转绳索辫，用夹子固定。

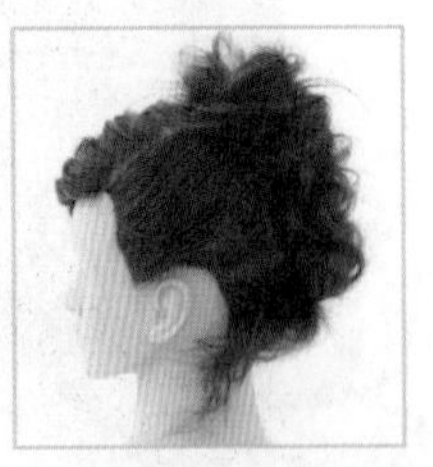
⑥后脑区下段做成向前的螺旋卷并用夹子固定。

学习要点

□掌握基本的编法

对于鱼骨辫、鱼骨双边添束辫、右交叉左扭转绳索辫、左交叉右扭转绳索辫，牢牢记住如何将两股发束分取制作鱼骨辫、旋转和扭转制作绳索辫的方法吧。

□在发型设计中增加拉松的效果

记住各种各样的编法可以增加制作发型时的表现力。另外，一边观察加上拉松的调整后，发型给人的印象发生了什么样的变化，一边掌握具体的调整方法吧。

鱼骨辫＋鱼骨双边添束辫＋右交叉左扭转绳索辫＋左交叉右扭转绳索辫

前额区和后脑区的编法各不相同，集中成一种发型后形成强烈对比。进一步拉松编发，完成华丽的发型设计。

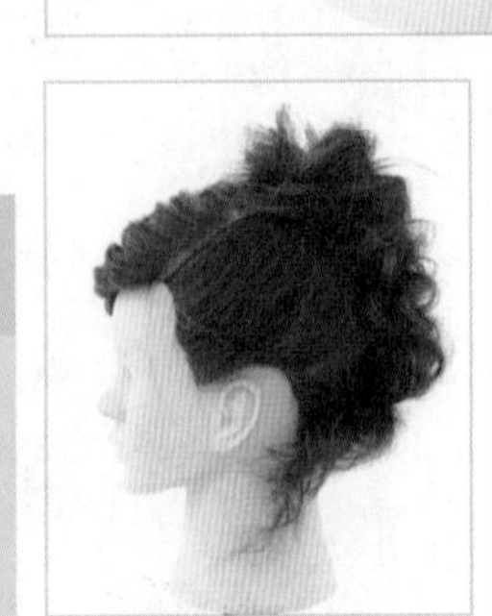

8.2 记住编法

鱼骨辫（※1）

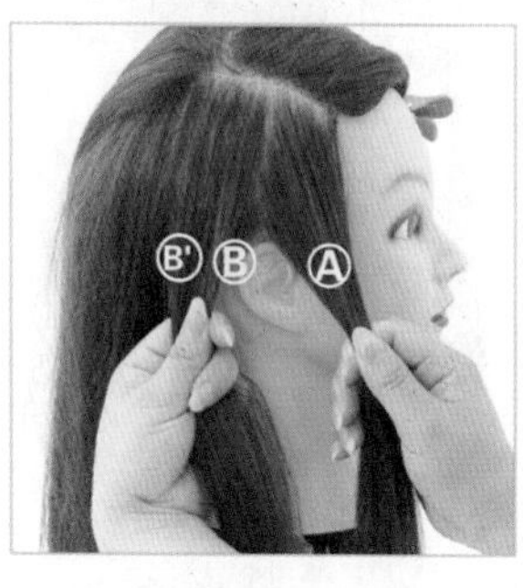

1. 将发束B和A分别拿在左手和右手上。在左侧发束B的左端插入左手的食指，分取出左侧较细的发束B'。

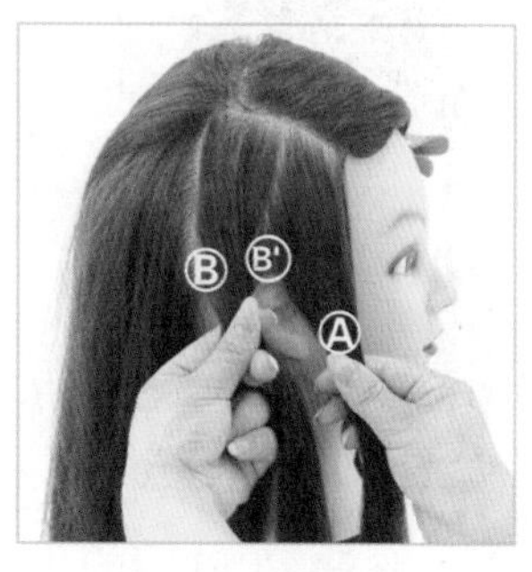

2. 将左侧的发束B'向右交叉在发束B之上，并递到右手上。

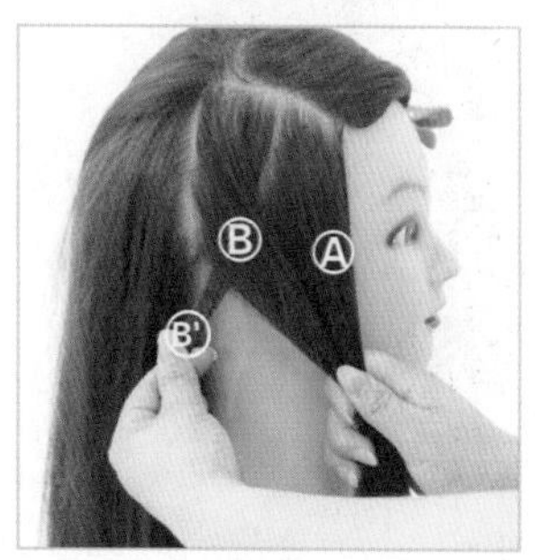

3. 将递到右手的发束B'和右侧的发束A合并，形成新的发束A。

4. 在右侧发束A的右端插入右手的食指，分取出右侧较细的发束A'。

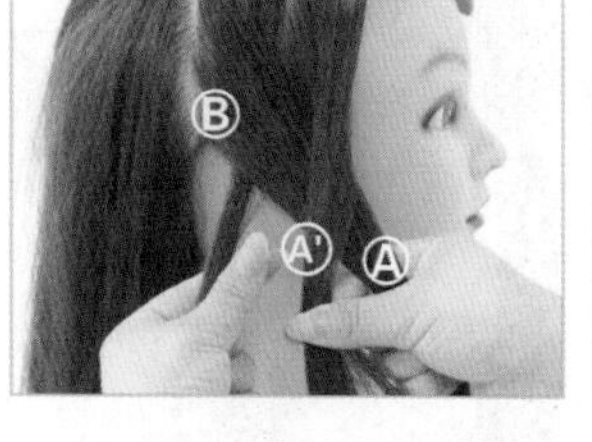
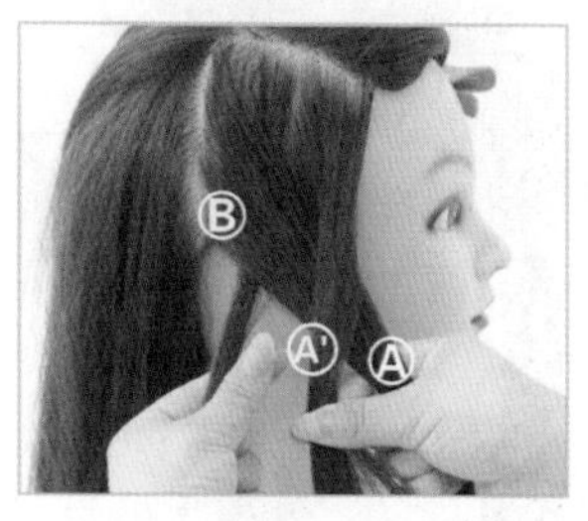

5. 将右侧的发束A'向左交叉在发束A之上，并递到左手上。

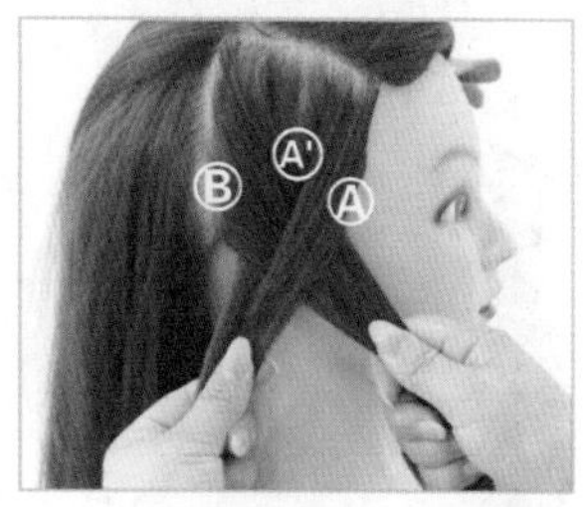

6. 将递到左手的发束A'和左侧的发束B合并，形成新的发束B。

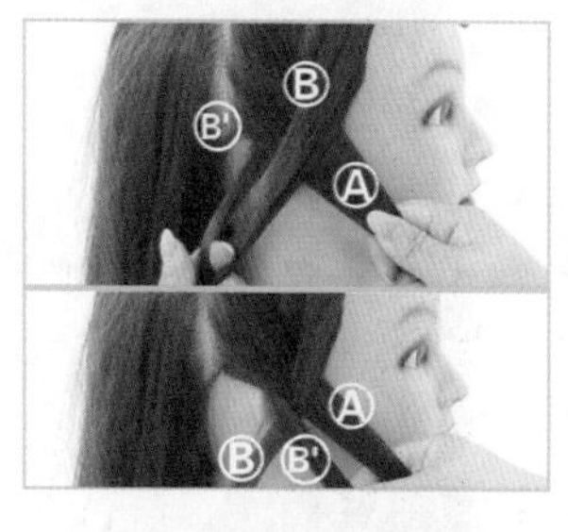

7. 在左侧发束B的左端插入左手的食指，分取出左侧较细的发束B'。将左侧的发束B'向右交叉在发束B之上，并递到右手上。重复之前的编法直至发梢，用橡皮筋扎起。

8. 鱼骨辫完成的状态。

※1 鱼骨辫示意图

1
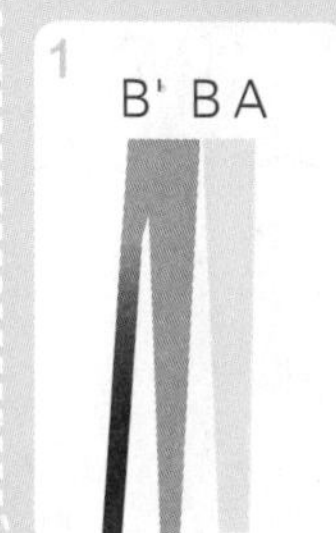

2
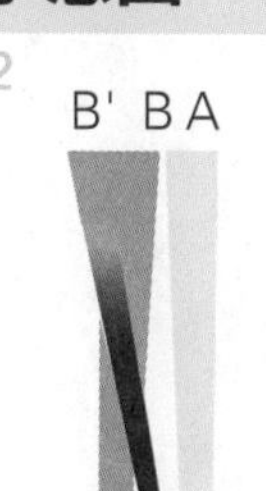

3
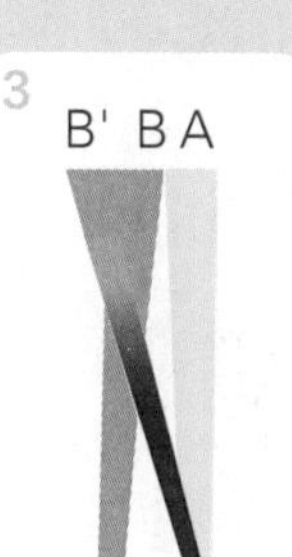

4

5

6

7

鱼骨双边添束辫（※2）

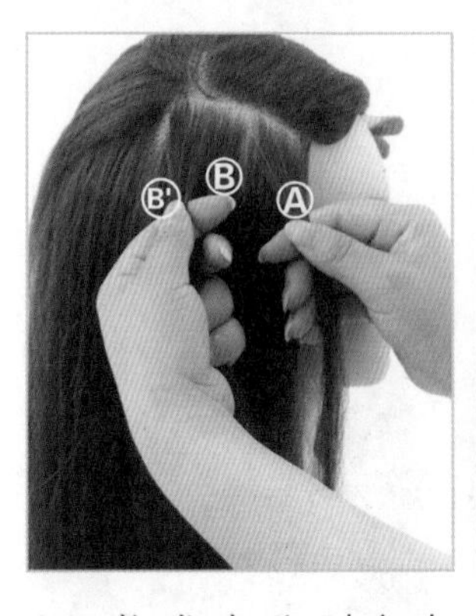

1. 将发束分别拿在左手和右手上。在左侧发束 B 的左端插入左手的食指，分取出左侧较细的发束 B'。

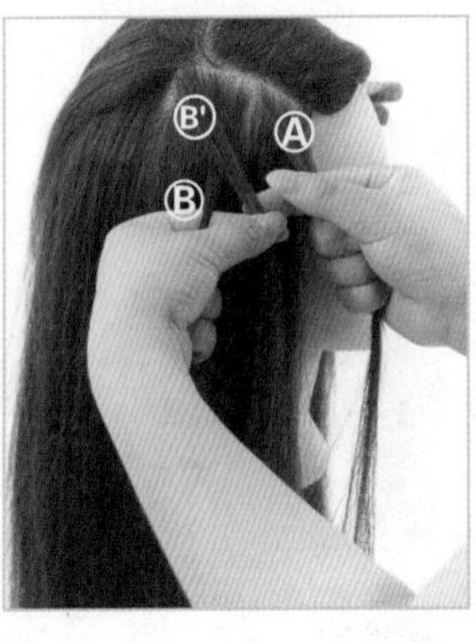

2. 将左侧的发束 B' 向右交叉在发束 B 之上，并递到右手上。

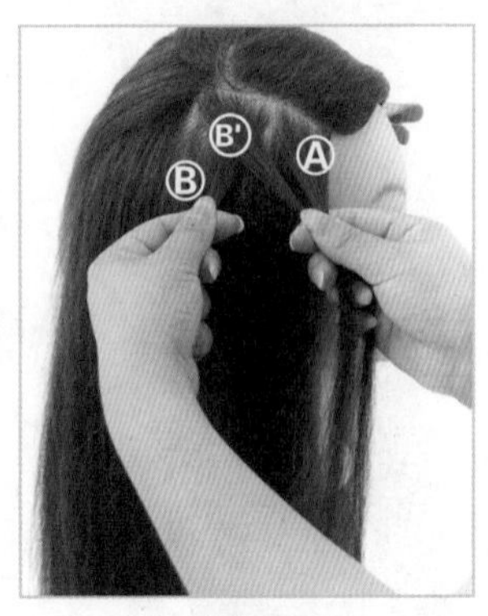

3. 将递到右手的发束 B' 和右侧的发束 A 合并，形成新的发束 A。

4. 在右侧发束 A 的右端插入右手的食指，分取出右侧较细的发束 A'。

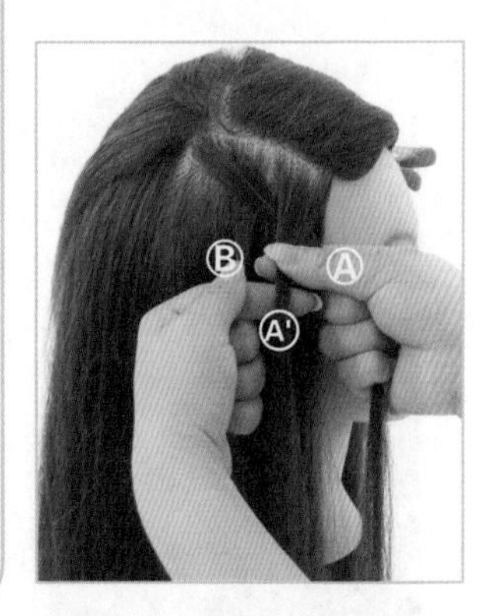

5. 将右侧的发束 A' 向左交叉在发束 A 之上，并递到左手上。

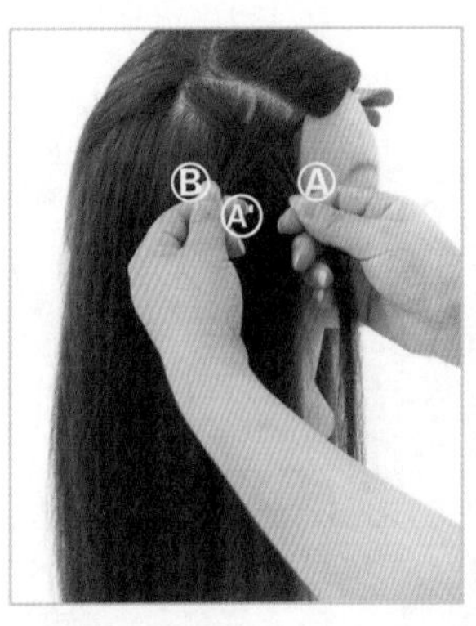

6. 将递到左手的发束 A' 和左侧的发束 B 合并，形成新的发束 B。

7. 用左手的拇指和食指捏住发束 A 和发束 A' 的交叉部分，放开右手。

8. 左手控制发束，右手使用尖尾梳的尾端在右侧挑起新的发束。

※2 鱼骨双边添束辫示意图

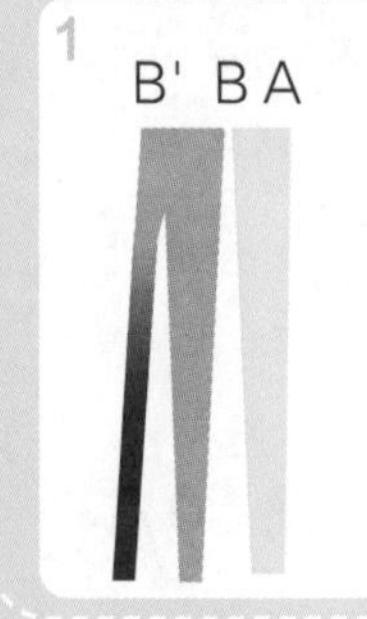

2 B' B A

3 B' B A

4 B' B A A'

5 B' B A A'

6 B' B A A'

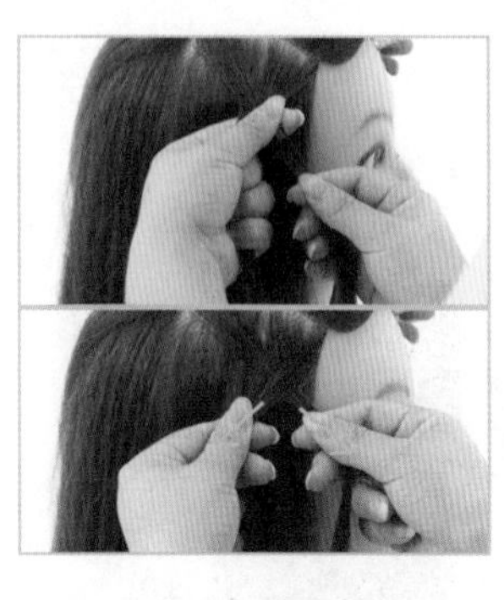

9. 将挑起的发束向左交叉在发束A之上，并递到左手上，与发束B合并。将拿在左手的发束B和右手的发束A向两侧下拉，使发辫紧绷。

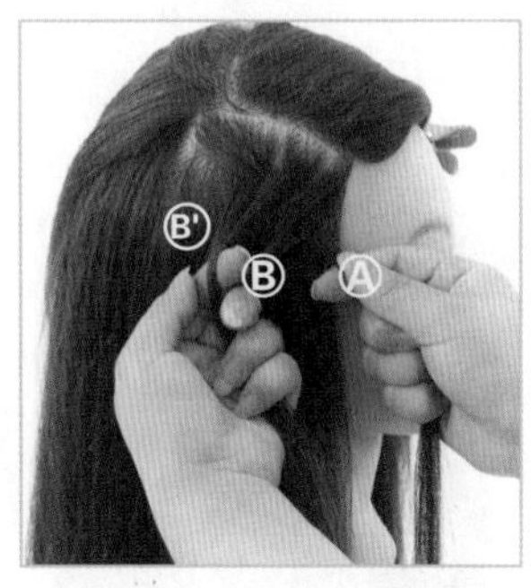

10. 在左侧发束B的左端插入左手的食指，分取出左侧较细的发束B'。

11. 将左侧的发束B'向右交叉在发束B之上，并递到右手上。

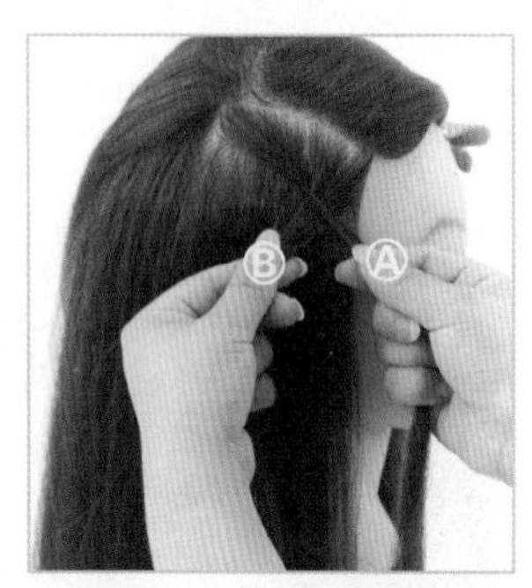

12. 将递到右手的发束B'和右侧的发束A合并，形成新的发束A。

13. 用右手的拇指和食指捏住发束B和发束B'的交叉部分，放开左手。

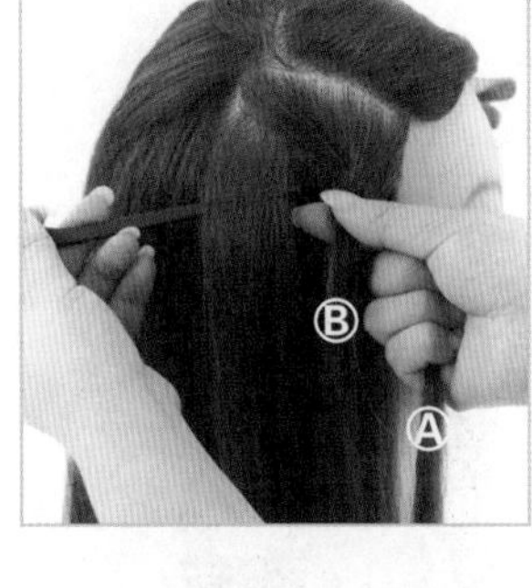

14. 右手控制发束，左手使用尖尾梳的尾端在左侧挑起新的发束。

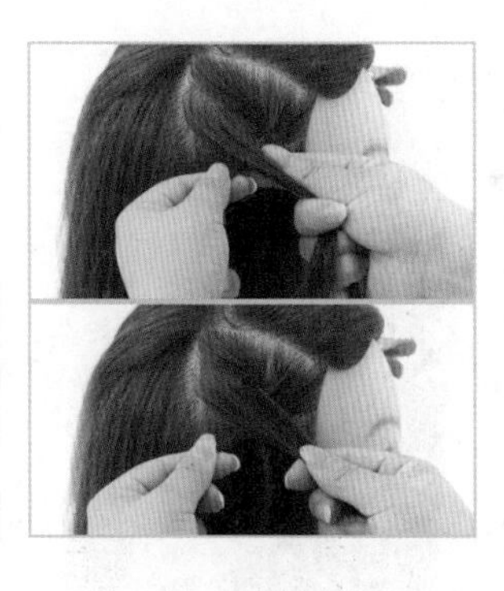

15. 将挑起的发束向右交叉在发束B之上，并递到右手上，与发束A合并。继续重复之前的编发操作，直至发梢用橡皮筋扎起为止。

16. 鱼骨双边添束辫完成的状态。

右交叉左扭转绳索辫（※3）

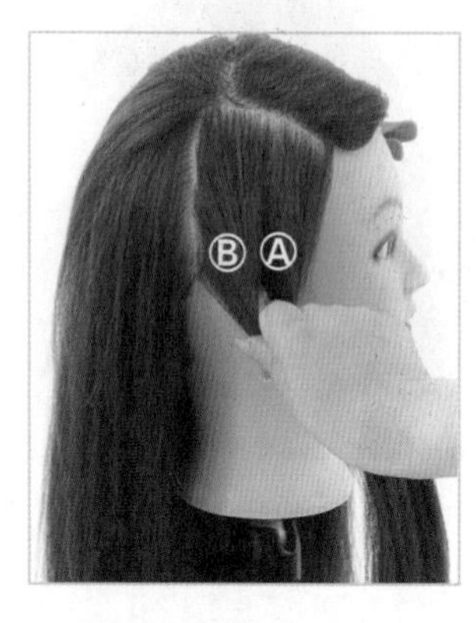

1. 在发束上插入右手食指，将发束均等地分成两股。

2. 将发束分别拿在左手和右手上。

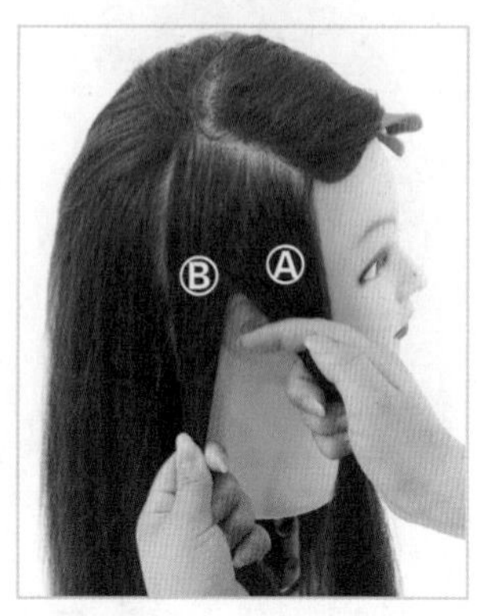

3. 将右手的食指放在右侧发束A的上边。

4. 左手将左侧发束B逆时针扭转（左扭转）半周，而后向右交叉在发束A之上，递到右手的食指上。

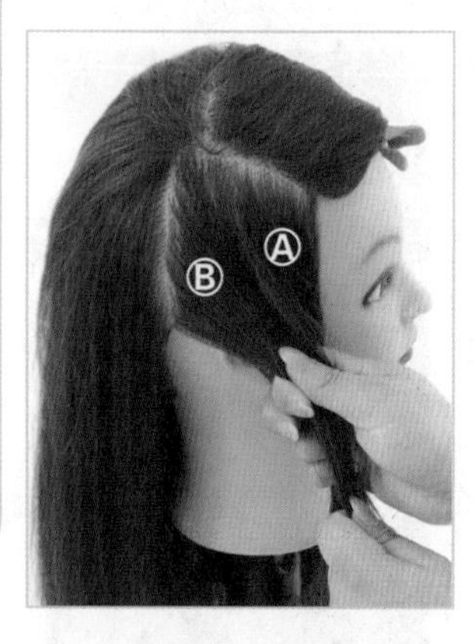

5. 用右手的拇指和食指捏住扭转发束B。

6. 用左手拿住在右手食指和中指之间夹住的发束A。

7. 变为左手拿住发束A，右手拿住发束B的状态。

8. 将右手的食指放在右侧发束B的上边。

※3 右交叉左扭转绳索辫示意图

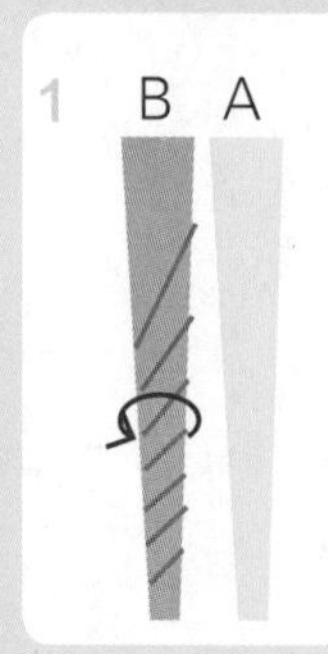

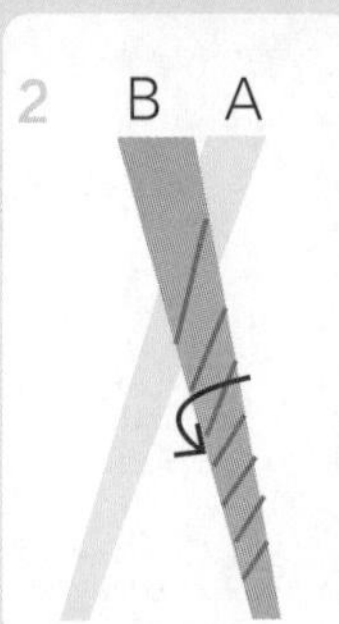

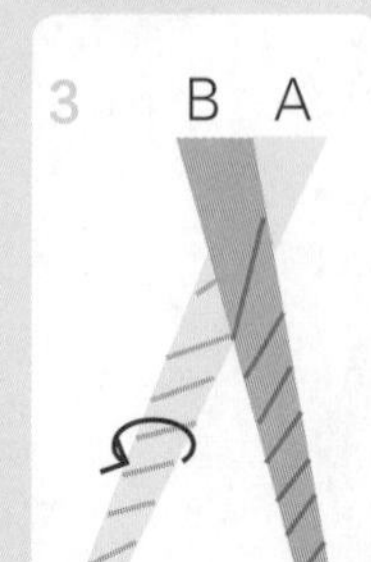

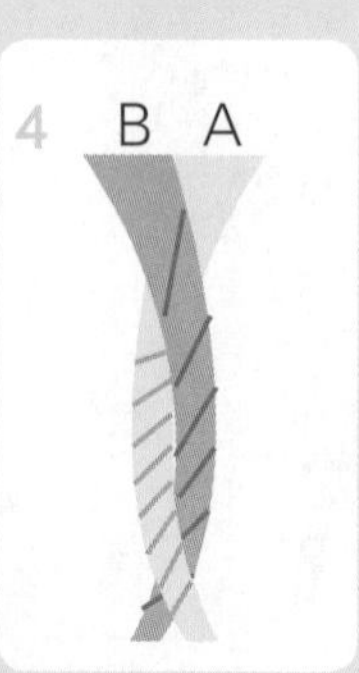

9. 左手将左侧发束A逆时针扭转（左扭转）半周，而后向右交叉在发束B之上，递到右手的食指上。

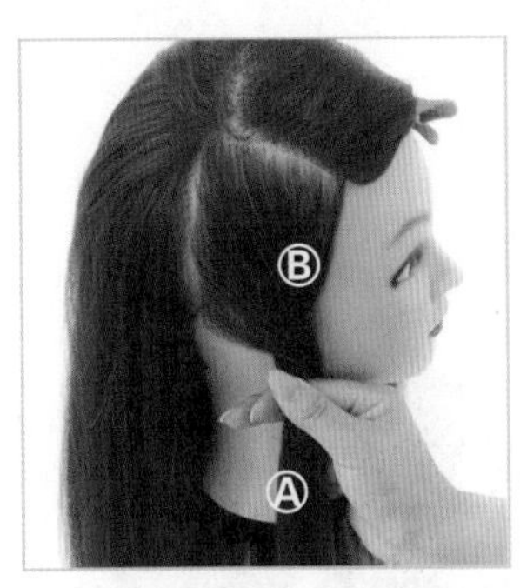

10. 用右手的拇指和食指捏住扭转发束A。

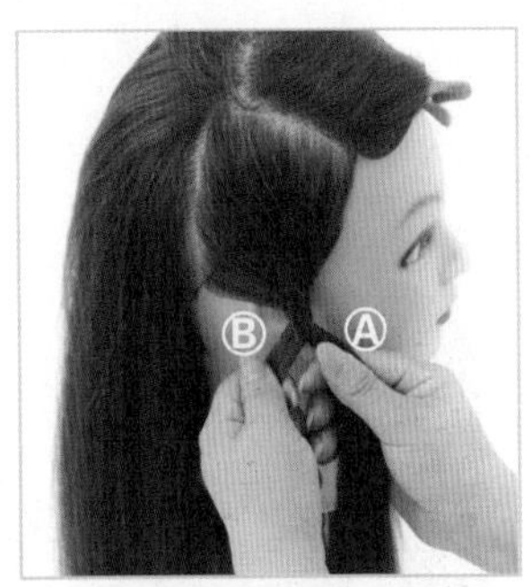

11. 用左手拿住在右手食指和中指之间夹住的发束B。

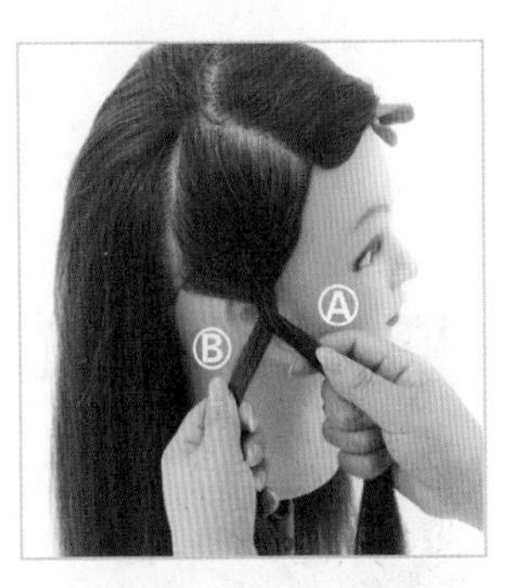

12. 将右手的食指放在右侧发束A的上边。

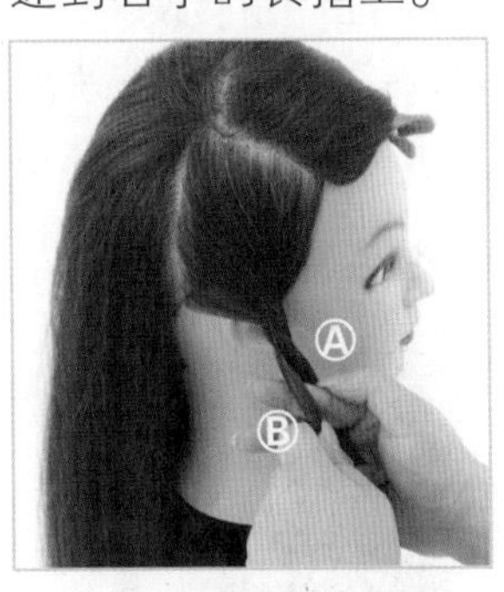

13. 左手将左侧发束B逆时针扭转（左扭转）半周，而后向右交叉在发束A之上，递到右手的食指上。

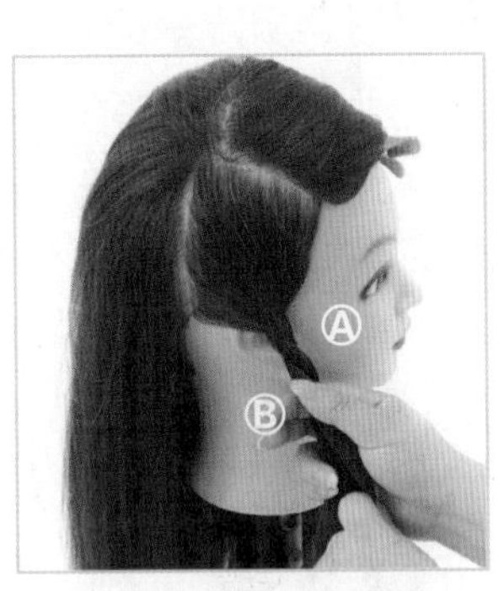

14. 用右手的拇指和食指捏住扭转发束B。

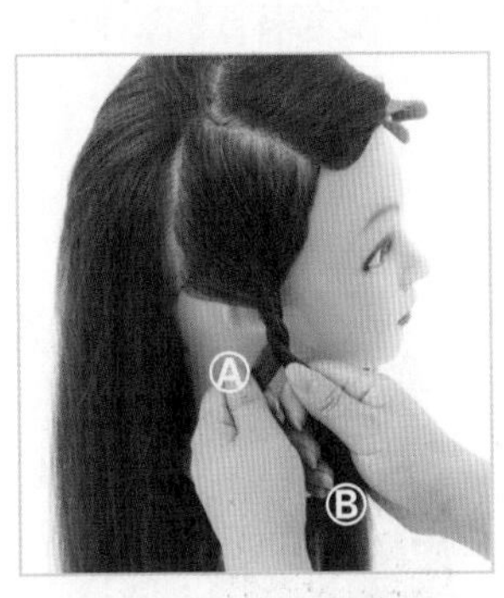

15. 用左手拿住在右手食指和中指之间夹住的发束A。继续重复之前的编发操作，一边向左顺时针扭转一边向右交叉，直至发梢用橡皮筋扎起为止。

16. 右交叉左扭转绳索辫完成的状态（※4）。

※4 做绳索辫时的注意点

逆时针扭转为左扭转，顺时针扭转为右扭转。

扭转左侧发束，递到右手为右交叉；扭转右侧发束，递到左手为左交叉。

一般情况下，同方向交叉和扭转的绳索辫比较容易松弛，如图，做成右交叉右扭转的情况就不够牢固，左交叉左扭转的情况也是如此。扭转的方向和交叉发束的方向相反的话，就会形成美丽而不松散的绳索辫。

左交叉右扭转绳索辫（※5）

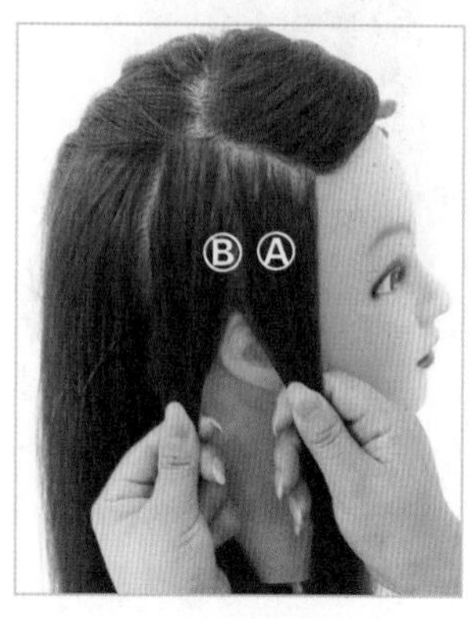

1. 将发束均等地分成两股，分别拿在左手和右手上。

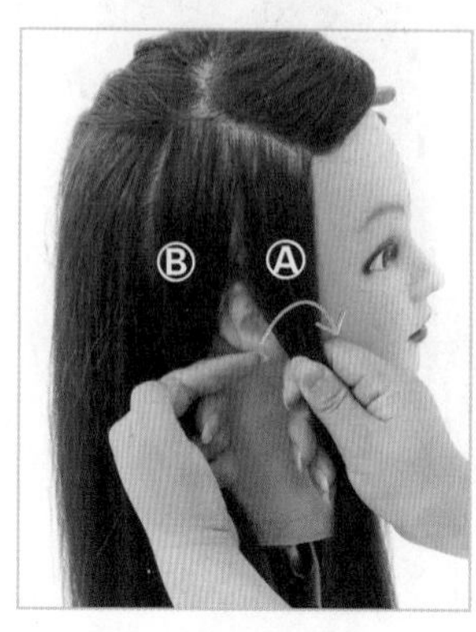

2. 将左手的食指放在左侧发束B的上边。

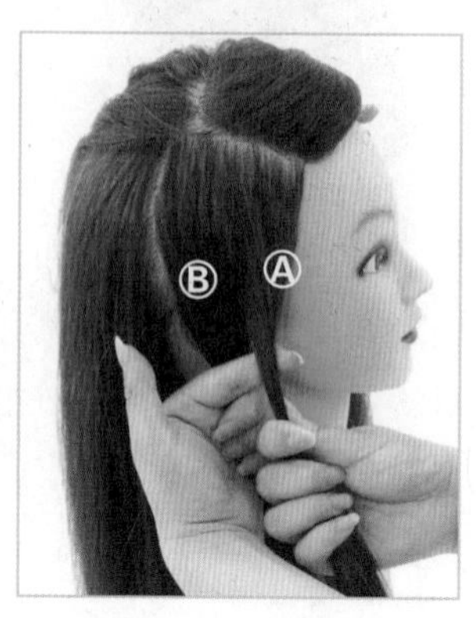

3. 右手将右侧发束A顺时针扭转（右扭转）半周，向左交叉在发束B之上，递到左手的食指上。

4. 用左手的拇指和食指捏住扭转发束A。用右手拿住在左手食指和中指之间夹住的发束B。

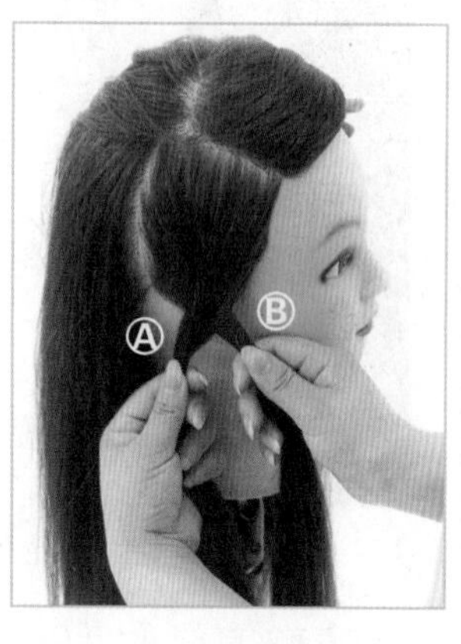

5. 变为右手拿住发束B，左手拿住发束A的状态。

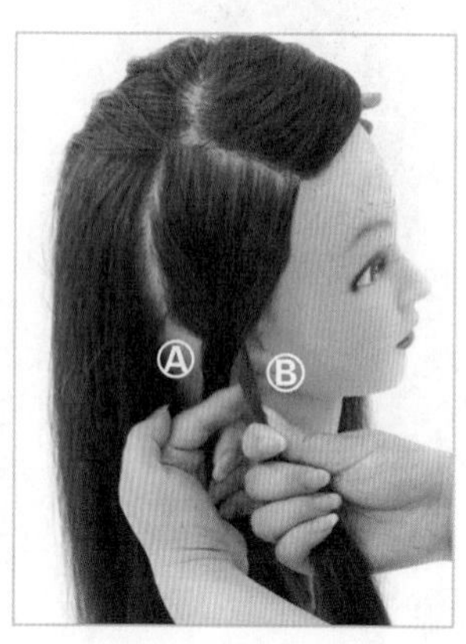

6. 将左手的食指放在左侧发束A的上边。

7. 将发束B顺时针扭转半周，向左交叉在发束A之上，递到左手的食指上。重复之前的编法，直至发梢。

8. 左交叉右扭转绳索辫完成的状态。

※5 左交叉右扭转绳索辫示意图

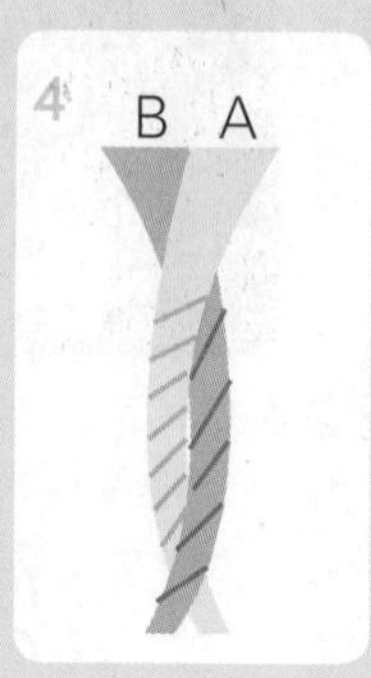

8.3 分区

从本页开始，进入发型制作阶段。

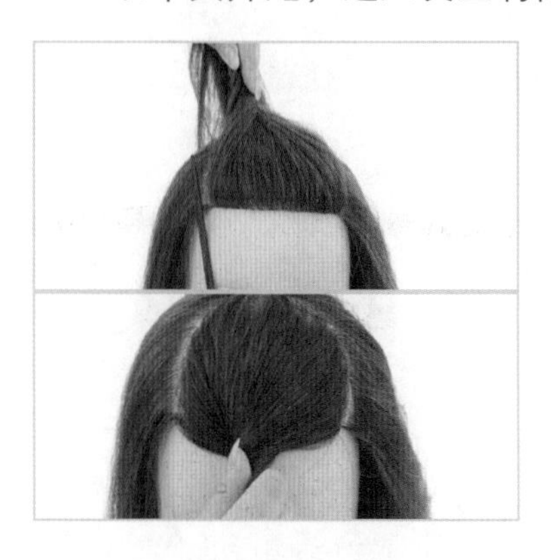

1. 分取刘海。宽度以左右黑眼珠的外侧为准，深度以头顶黄金点略靠前为准，做U字形的分区。

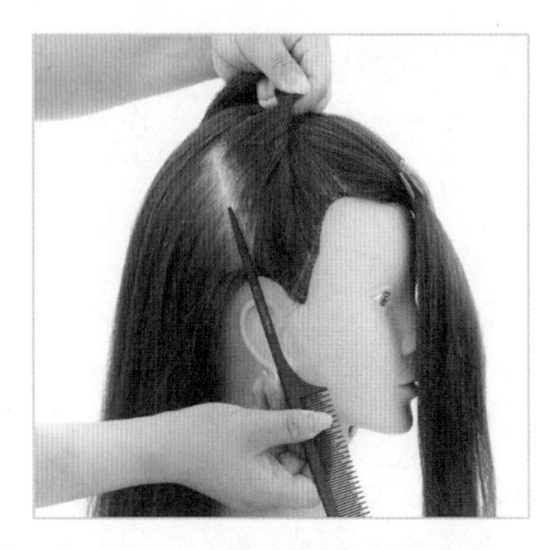

2. 将后脑区分成三段。后脑区上段以耳朵上方和头顶黄金点略靠后的连接线为分区基准。

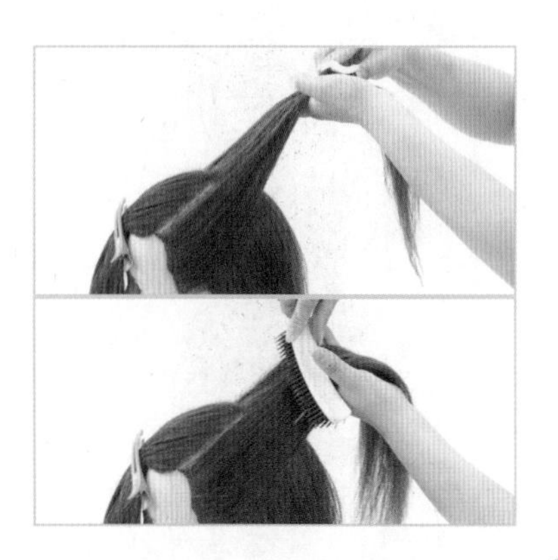

3. 将步骤2中分取出的后脑区上段发束用S形包发梳梳理，整理头发的走向。

4. 将后脑区上段集中成一股辫，在头顶黄金点上用橡皮筋扎起。

5. 后脑区中段以耳后水平线为分区基准。将分取出的后脑区中段发束用S形包发梳梳理，而后进一步用尖尾梳梳理。

6. 将后脑区中段的发束集中成一股辫并用橡皮筋扎起。余下的后脑区下段的头发也集中成一股辫并用橡皮筋扎起。

8.4 编刘海

7. 对步骤 1 中分取的刘海，先用涂抹了定型剂的包发梳梳理，再用尖尾梳梳理，整理头发的走向。

8. 从头顶分区线向前取厚度为 2 厘米左右的发束。

9. 将分取出的发束均等地分成两部分。

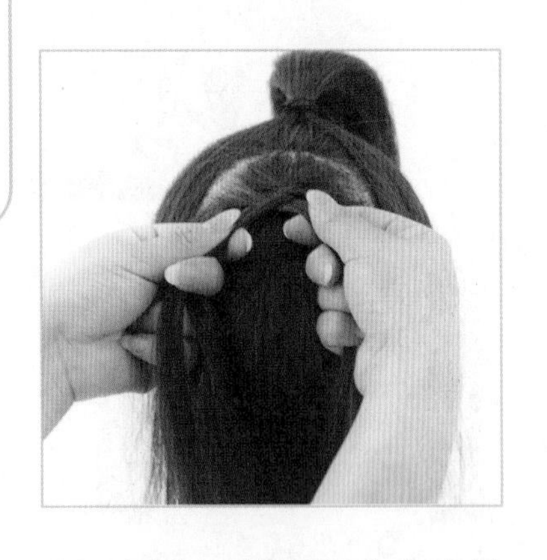

10. 用分开的两部分发束做鱼骨双边添束辫。

11. 编到前额区的发际线时，没有两侧的发束可以加入之后，就可以开始编鱼骨辫了。

12. 将发束一边向右侧发区提拉，一边编鱼骨辫。

13. 做鱼骨辫，到发梢为止，用橡皮筋扎起来。

14. 在编好的鱼骨辫发束上，一点一点用手指拉出细小的发束。

15. 将鱼骨辫发束绕过前额区右侧，继续向右侧发区提拉。

16. 将鱼骨辫发束折回到头顶区右侧，遮盖住刘海的右侧分区线。

17. 拆掉鱼骨辫发梢的橡皮筋，一边从正面确认平衡效果，一边将发梢用U型夹固定住（※6）。

18. 将刘海用U型夹固定后的状态。

※6 前额区的平衡

使用夹子固定刘海的鱼骨辫时，一边从正面确认平衡效果，一边决定鱼骨辫遮盖额头的范围和弯曲程度。

将鱼骨辫位置降低，靠近眉毛上方固定的话，会形成不对称的线条，凸显出设计性。

提高鱼骨辫位置，使人能看到额头和整张脸的话，会给人清爽的感觉。

8.5 编后脑区上段

19. 将后脑区上段的发束，用涂抹了定型剂的包发梳梳理，再用尖尾梳梳理，整理头发的走向。

20. 将发束均等地分成两部分。

21. 用分开的两部分发束做右交叉左扭转绳索辫，直到发梢为止，用橡皮筋扎起来。

22. 在做了右交叉左扭转绳索辫的发束上，进一步用手指一点一点拉出细小的发束，发量多的发根位置拉出发束的力度要大一些。

23. 拉出细小发束，到发梢为止。

24. 左手拿住绳索辫发根的上方，右手将发束带向前额区一侧。

25. 将绳索辫向后顺时针缠绕在发束的发根上，观察后脑区缠绕发束的松紧和平衡（※7）。

26. 将发束缠绕一周后，在发束的发根前方靠近前额区的一侧，用U型夹按进去内固。

27. 一边确认整体的平衡，一边对发束前后的形式进行整理。

28. 拆掉绳索辫发梢的橡皮筋，将发束用U型夹固定在后脑区上段与中段的分区线上方。

29. 后脑区上段的完成效果。

※7 缠绕绳索辫发束时的注意点

将绳索辫在发根处进行缠绕时，根据绳索辫交叉和扭转方向的不同，缠绕的方向也不同。错误的缠绕方向会造成发束松散。

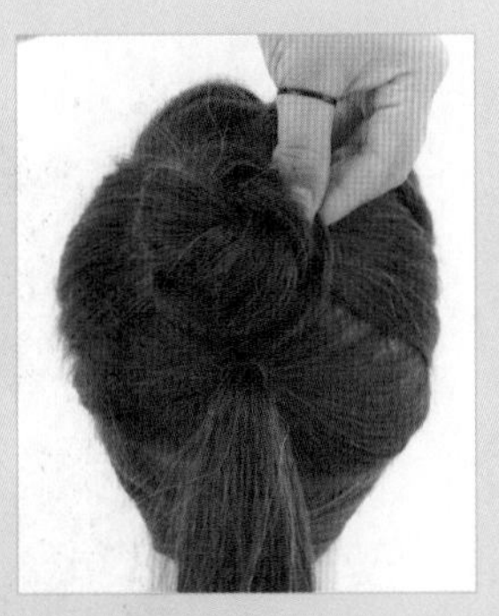

将右交叉左扭转的绳索辫按顺时针缠绕的话，缠绕后的发束不会松弛。

8.6 编后脑区中段

30. 将后脑区中段的发束用包发梳和尖尾梳梳理。将发束均等地分成两部分，做左交叉右扭转绳索辫，直到发梢为止，用橡皮筋扎起来。

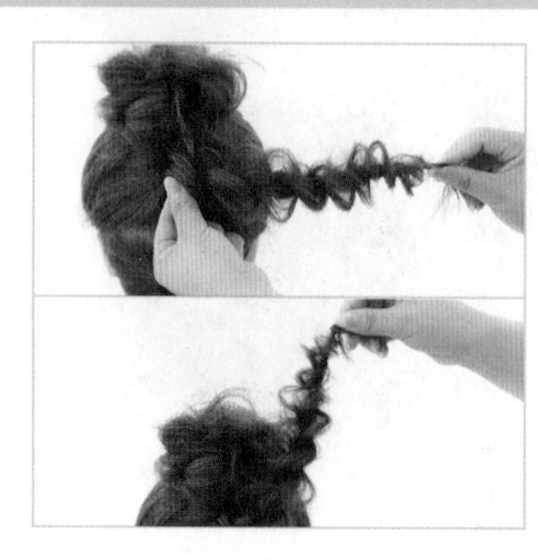

31. 在做了左交叉右扭转绳索辫的发束上，进一步用手指一点一点拉出细小的发束。发量多的发根位置，拉出发束的力度要大一些。

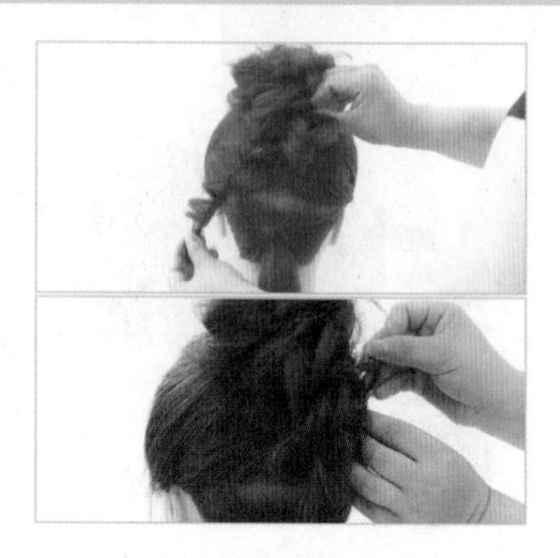

32. 将绳索辫向前逆时针缠绕在发束的发根上一周，在发根处用 U 型夹按进去内固。

33. 一边确认整体的平衡，一边进一步拉出发束进行整理。用 U 型夹在几处位置上内固，强调造型。

34. 将绳索辫进一步按逆时针方向向上提拉，至发梢提拉到前额区一侧。拆掉发梢的橡皮筋，用 U 型夹进行内固。

35. 后脑区中段的完成效果。

将右交叉左扭转的绳索辫按逆时针缠绕的话，缠绕后的发束会松弛。

8.7 编后脑区下段

36. 左手握住后脑区下段的发束，向下翻转手腕，将发束顺时针缠绕在食指上，手心握住的发梢朝向右侧。

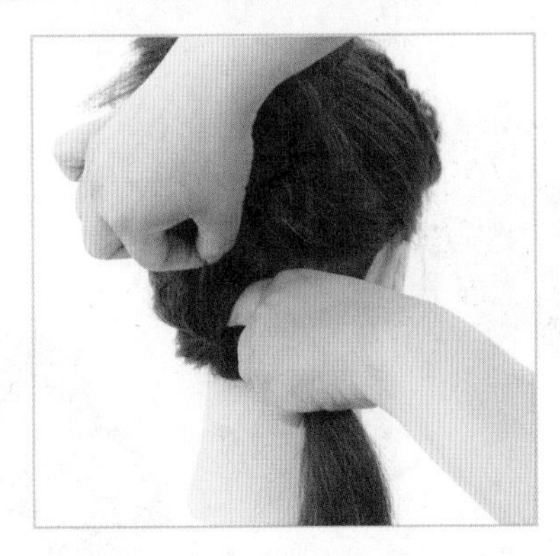

37. 扭转发束至食指指根处，右手在扭转发束上拉出细小的发束，制作螺旋卷。

38. 用 U 型夹在食指指根处将扭转发束固定住。

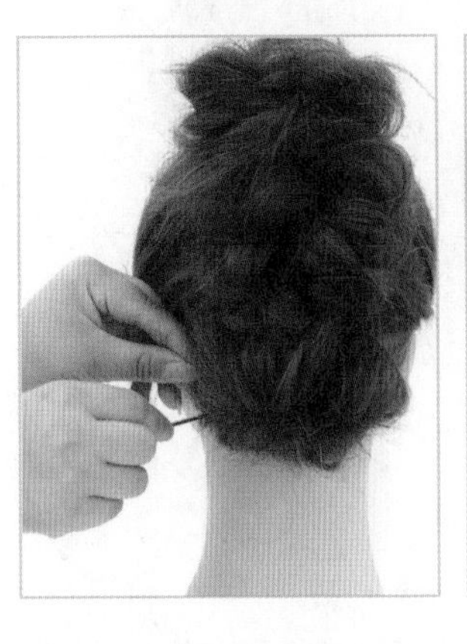

39. 将步骤 38 中固定后余下的发束向左侧折回并进行扭转和制作螺旋卷的操作，而后用 U 型夹固定在左侧发根上。

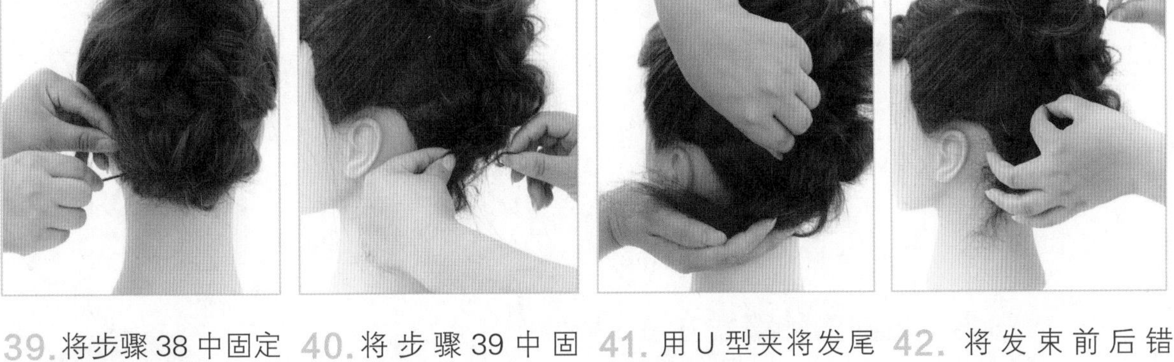

40. 将步骤 39 中固定后余下的发尾部分向前扭转，遮盖住后脑区下段发束打结处的橡皮筋。

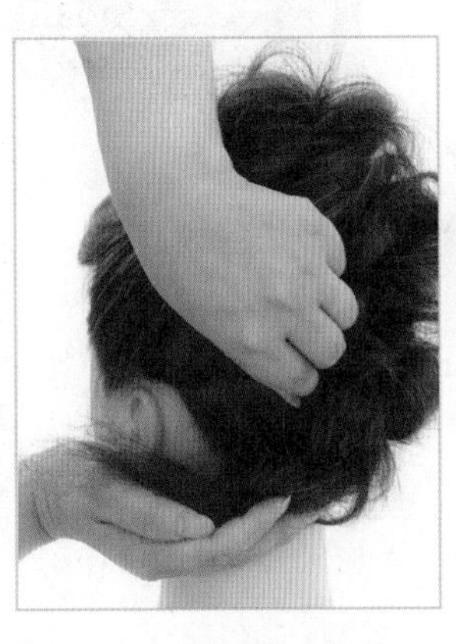

41. 用 U 型夹将发尾固定在左侧发际线附近。发梢不用固定，整理卷度，使其走向自然地偏向左肩。

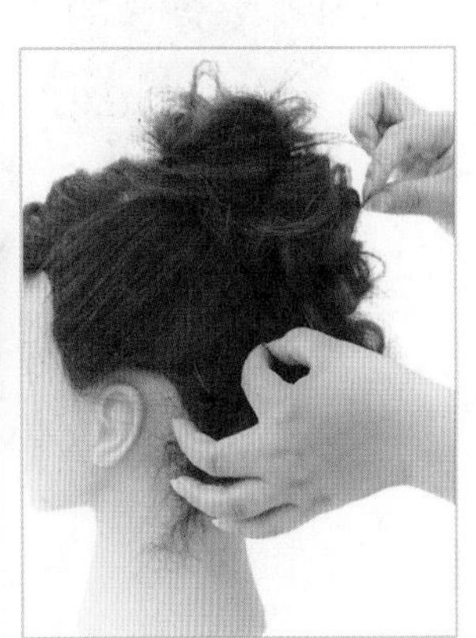

42. 将发束前后错开，调整整体的平衡。

8.8 完成效果

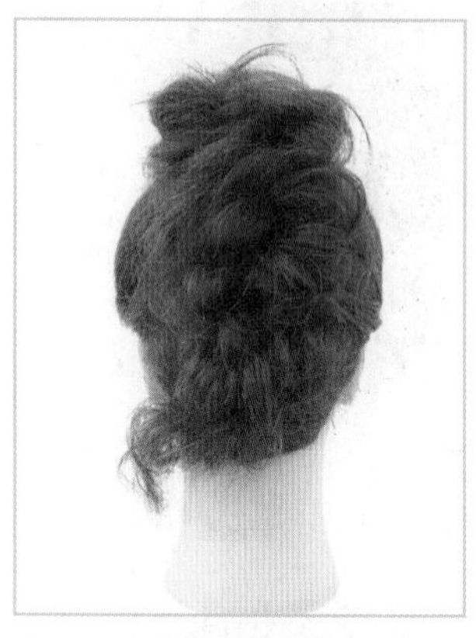

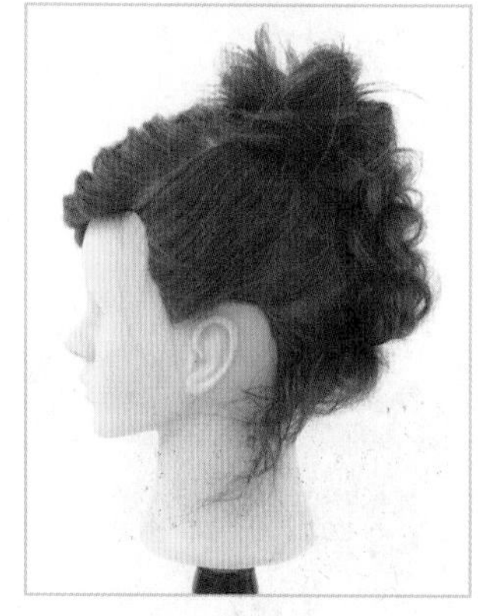

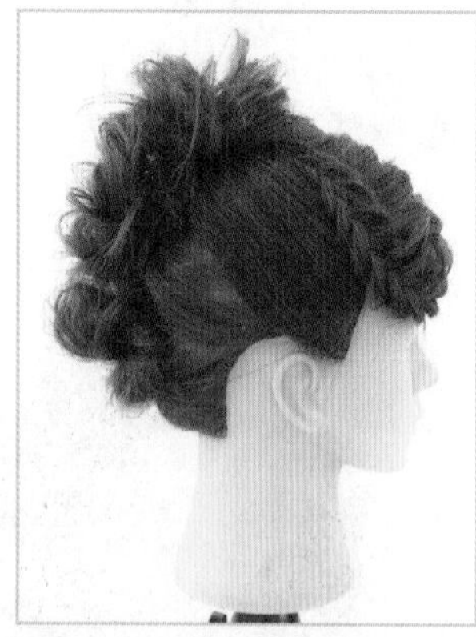

复习吧 学会本章的四种编发方法了吗?

鱼骨辫

鱼骨双边添束辫

右交叉左扭转绳索辫

左交叉右扭转绳索辫

本章解说了将发束分为两股后进行编发的四种方法。其中，绳索辫的交叉方向和扭转方向相反是要点。四种编法都属于编发时常用的基础造型，多加练习便可熟练掌握。